DeepSeek超简单入门

从小白到AI达人

于君泽 刘家松 廖兵 张栋 周丽霞 著

Super Easy
DeepSeek Introduction

from Novice to AI Expert

机械工业出版社
CHINA MACHINE PRESS

图书在版编目（CIP）数据

DeepSeek 超简单入门：从小白到 AI 达人 / 于君泽等著. -- 北京：机械工业出版社，2025. 4. -- ISBN 978-7-111-78014-4

Ⅰ. TP18

中国国家版本馆 CIP 数据核字第 2025Q98H74 号

机械工业出版社（北京市百万庄大街 22 号　邮政编码 100037）
策划编辑：高婧雅　　　　　　　　责任编辑：高婧雅
责任校对：杨　霞　李可意　景　飞　　责任印制：任维东
北京瑞禾彩色印刷有限公司印刷
2025 年 4 月第 1 版第 1 次印刷
170mm × 230mm · 16 印张 · 232 千字
标准书号：ISBN 978-7-111-78014-4
定价：69.00 元

电话服务　　　　　　　　　网络服务
客服电话：010-88361066　机　工　官　网：www.cmpbook.com
　　　　　010-88379833　机　工　官　博：weibo.com/cmp1952
　　　　　010-68326294　金　　书　　网：www.golden-book.com
封底无防伪标均为盗版　机工教育服务网：www.cmpedu.com

前言

在当今这个快速发展的时代，AI（人工智能）已经成为我们生活中不可或缺的一部分。从智能手机上的语音助手到自动驾驶汽车，从在线客服到智能医疗诊断，AI 正在以各种形式改变我们的生活和工作方式。而 DeepSeek，作为一款前沿的 AI 工具，更是以其强大的功能和广泛的应用场景，吸引了全球无数人的关注。

为什么写作本书

自 DeepSeek 问世以来，它凭借高效、智能的特点，迅速在全球范围内获得了广泛的应用。无论是学生、教师、职场人士，还是普通家庭用户，DeepSeek 都以其强大的功能和便捷的操作，为人们的生活和工作带来了极大的便利。然而，随着 DeepSeek 的广泛应用，许多人在使用过程中也遇到了各种问题。比如，如何更好地利用 DeepSeek 提升学习和工作的效率？如何利用 DeepSeek 进行有效的创作？如何进行私有化部署，以确保隐私和数据安全？这些问题困扰着许多用户，也让我们看到了编写这本书的必要性。

作为一名长期关注 AI 发展的从业者，我深知 DeepSeek 的潜力和价值。在过去的几个月中，我见证了 DeepSeek 迅速发展为一股足以改变世界的强大力量。在这个过程中，我意识到，尽管 DeepSeek 的功能强大，但许多人仍然对它感到陌生和困惑，不能充分利用 DeepSeek 的能力。因此，我希望通过这本书，帮助更多人了解 DeepSeek，掌握它的使用方法，并将它融入自己的生活和工作中，从而提升效率、激发创造力。

本书读者对象

- 学生和教师：如果你是学生，DeepSeek 可以辅助你学习、撰写论文、准备考试，甚至激发你的学习兴趣。如果你是教师，DeepSeek 能够为你生成教学课件、设计课程大纲，还能提供个性化的教学建议，帮助你更好地因材施教。
- 职场人士：无论是金融、医疗、科技还是其他行业的专业人士，DeepSeek 都能成为你的得力助手。它可以协助你分析数据、撰写报告，甚至在创意策划和项目管理中为你提供灵感和建议。
- 科技爱好者：如果你对 AI 感兴趣，希望深入了解 DeepSeek 的技术原理和应用场景，本书将为你提供全面的介绍和丰富的案例，帮助你更好地理解这项前沿技术。
- 普通家庭用户：DeepSeek 可以应用在你的日常生活中。它可以帮你管理家庭事务、提供健康建议、安排日程，甚至陪伴家人聊天解闷，让生活更加便捷和有趣。

本书特色

1. 通俗易懂

本书尽量避免使用复杂的术语，而用简单、直白的语言讲解 DeepSeek 的功能和使用方法，即使是初学者也能轻松理解。

2. 实用性强

本书不仅介绍了 DeepSeek 的基本功能，还结合大量实际案例展示了如何在不同场景中应用 DeepSeek，以帮助读者快速上手并解决实际问题。

3. 内容前沿

本书不仅介绍当前 DeepSeek 的功能和应用，还深入探讨它在 AI 办公、AI 教育、AI 绘画、AI 视频、数字人等前沿领域的应用。

如何阅读本书

第 1 章带你快速了解 DeepSeek 的背景、发展历程，并以通俗易懂的语言讲解其技术优势、特点和机遇。

第 2 章主要讲解 DeepSeek 账号注册与基本设置、使用界面以及各个版本的使用与对比，并给出提示词的框架和示范，帮助新手快速掌握基本操作。

第 3 章介绍 DeepSeek 如何辅助文章创作，包括主题挖掘、结构搭建、内容生成、文章优化，以及 DeepSeek 如何辅助制作高质量内容卡片，帮助创作者提升写作效率和质量。

第 4 章探讨 DeepSeek 重塑企业办公的维度，以及如何利用它进行任务管理和文档处理，提升工作效率和管理效能。

第 5 章通过实际案例展示 DeepSeek 在数据分析方面的应用，如个人收支分析、装修方案优化，帮助你更好地管理财务和优化决策。

第 6 章介绍 DeepSeek 如何与海绵音乐、剪映、可灵 AI 等工具结合，为自媒体创作者提供从创意构思到内容生成的全流程支持，快速产出高质量内容。

第 7 章探讨 DeepSeek 在数字人营销中的应用，帮助个人创作者和企业快速实现数字人营销，提升品牌影响力和用户互动体验。

第 8 章详细介绍 DeepSeek 在教育领域的应用，包括生成儿童绘本故事、进行个性化学习辅导、进行教学课程和课件设计，从而显著提升教学效果和学习体验。

第 9 章介绍如何进行 DeepSeek 私有化部署，在确保数据安全的同时，充分发挥 DeepSeek 在企业中的应用潜力。

第 10 章展望 DeepSeek 的未来发展趋势，探讨它在技术演进、用户生态、全球化布局、伦理挑战、行业应用以及对未来生活的影响等方面的可能性。

勘误与支持

如果你在阅读过程中发现任何问题，或希望加入本书的读者群和获取本书附赠案例资料，以及希望参与后续不定期分享或关于本书内容的讨论，请通过以下方式联系我们。

- 微信号：jianghu10002 或 ijiasong。
- 邮箱：5581012@qq.com 或 569918221@qq.com。

添加微信时，请备注“ DeepSeek 读者”，以便我们快速通过申请。你的反馈对我们非常重要，期待与你共同探讨！

致谢

撰写本书是一段充满挑战与收获的旅程，离不开许多人的支持与付出。在写作过程中，我深刻感受到了团队协作的力量。感谢与我并肩作战的朋友们，他们加班加点，只为能第一时间将这本书呈现给读者。每一个深夜，每一次激烈的讨论，都是我们对知识的追求和对读者的尊重。

最后，我要向所有支持和帮助过我们的人致以诚挚的谢意。你们的鼓励和支持是我们不断前行的动力。希望这本书能够成为大家了解和应用 DeepSeek 技术的桥梁，为技术的传播和发展贡献一份力量。

于君泽

目录

1

|第 1 章| C H A P T E R

初识 DeepSeek

2025 年春节期间，DeepSeek（深度求索）现象级的技术突破引发全民热议。这个 2023 年 7 月由幻方量化创立的 AI 品牌，在短时间内凭借其强大的技术实力和创新能力，赢得了全球 AI 业界的广泛关注。它不仅在发展速度上创造了全球 AI 发展史上前所未有的奇迹，更在技术路径、应用模式及产业影响层面带来了突破性启示。DeepSeek 不但是中国 AI 领域的一颗新星，更是推动中国 AI 走向世界舞台、引领全民 AI 时代到来的神秘力量。

各大媒体争相报道的 DeepSeek 能够以极低的训练成本实现与 OpenAI GPT-4o 相近的性能，这是怎么做到的呢？还有它那令人惊艳的“深度思考”模式，仿佛一个真正的学霸在为你解题，你知道这背后的技术原理是什么吗？本章将从 AI 大模型专业分析的角度全面解读 DeepSeek，全面分析其技术优势与特点，并从互联网技术与产品发展的角度解读 DeepSeek 带给我们的崭新机遇。

1.1 DeepSeek 是什么？至少需记住三点

读这本书时，你可能已经听说过 DeepSeek 这个名字了——它可能是你在科技新闻里匆匆瞥见的标题中的关键词，或者是朋友聊天时提到的“那个很厉害的 AI”。

那么 DeepSeek 到底是什么？如果要快速抓住它的核心价值，可以用三个最关键的标签来定义它：**中国 AI 领跑者、会思考的 AI、技术落地的实干派**。

1.1.1 中国 AI 领跑者：从本土生长出的世界级技术

当全球科技巨头在 AI 领域激烈角逐时，DeepSeek 作为中国 AI 企业的代表，在 2023 年异军突起。不同于许多依赖海外技术的公司，DeepSeek 完全基于自主研发的深度学习框架，它推出的 DeepSeek-R1 模型在数学推理、代码生成等核心能力上超越 GPT-4，展现了国产 AI 技术的突破性进展。

举两个例子：当被问到“如何用 Python 实现斐波那契数列”时，DeepSeek

不仅能给出标准答案，还会贴心地提醒你注意递归算法的效率问题；而面对“小明有 5 个苹果，每天吃掉一半加 1 个，几天吃完”这类数学题，它的解题步骤甚至比许多人类老师更加清晰。这种“既专业又接地气”的表现，让它成为国产 AI 技术弯道超车的标杆。

让我们再次回顾 DeepSeek 的辉煌发展历程，铭记那些重要时刻。请务必留意每一个关键的时间节点，它们见证了 DeepSeek 从诞生到崛起的每一步。

2023 年 7 月，一个崭新的时代拉开了序幕。DeepSeek 在杭州正式成立，带着对 AI 未来的无限憧憬和坚定信念，踏上了探索与创新的征途。

2023 年 11 月 2 日，DeepSeek 迈出了历史性的一步。首个开源代码大模型 DeepSeekCoder 横空出世，它支持多种编程语言，能够轻松应对代码生成、调试和数据分析等复杂任务，为开发者们带来了前所未有的便捷与高效。

2023 年 11 月 29 日，DeepSeek 再次震撼业界。通用大模型 DeepSeekLLM 正式发布，其参数规模高达 670 亿，包括 7B 和 67B 的 Base 及 Chat 版本，展现了 DeepSeek 在 AI 领域的深厚底蕴和强大实力。

2024 年 5 月 7 日，DeepSeek 刷新了业界的认知。第二代开源混合专家（MoE）模型 DeepSeek-V2 正式发布，总参数量达到了惊人的 2360 亿，而推理成本却降至每百万 Token 仅 1 元人民币，这一创举无疑为 AI 的普及和应用注入了新的活力。

2024 年底，DeepSeek 迎来了历史性的突破。12 月 26 日，DeepSeek-V3 震撼发布，其总参数量攀升至 6710 亿，它采用了创新的 MoE 架构和 FP8 混合精度训练，训练成本仅为 557.6 万美元。这一成果在 AI 学术圈内掀起了一阵“龙卷风”，DeepSeek 的名字开始逐渐为人们所熟知。

然而，真正的爆发点是在 2025 年 1 月底，DeepSeek 以一种令人瞩目的方式登上了全球舞台。新一代推理模型 DeepSeek-R1 性能与 OpenAI 的 GPT-4 持平，并且 DeepSeek 宣布将其开源。这一消息迅速传遍了全球，国外媒体更是争相报道，DeepSeek 的名字一时间声名鹊起。

这就是 DeepSeek 的故事，一个从默默无闻到全球瞩目的传奇历程。

1.1.2 会思考的 AI：从“黑箱”到“透明化”的转变

DeepSeek-R1 的革命性突破在于它像人类一样展示思考过程。不同于传统 AI 直接抛出答案的“魔术表演”，DeepSeek-R1 会把自己的“大脑活动”拆解成可理解的步骤，让用户不仅能获得答案，更能学习系统性思考的方法。这种“授人以渔”的设计，让它成为全球首个具备思维教育功能的 AI。

而且，DeepSeek 还做到了思考过程的可视化，当被问及复杂问题时（例如“为什么全球变暖会导致极端天气增加？”），DeepSeek-R1 不会直接罗列结论，而是像优秀教师般展开推理：

1）界定关键概念（首先明确“全球变暖”指近百年地球平均气温上升约 1.1℃）。

2）建立逻辑链条（海水蒸发加速→大气含水量增加→降雨强度提升→洪涝风险上升）。

3）标注不确定性（北极冰盖融化对洋流的影响仍存在学术争议）。

这种思考问题的技术称为思维链（Chain-of-Thought，CoT），是一种让 AI 像人一样一步步思考的方法。思维链技术主要是让 AI 模型在解答问题时不直接给出答案，而是先列出解题的步骤，就像我们做题时写的解题过程一样。这样，AI 就能更好地理解问题，逐步推导出答案，使得答案更有逻辑、更可靠。

下面以 DeepSeek 处理一道数学逻辑推理题为例来体验一下。问题：“小明有一些苹果，先给了小红一半，然后自己又吃了 3 个，最后还剩下 5 个苹果，问小明一开始有多少个苹果？”我们看看 DeepSeek 思考这道题的全过程：

嗯，好的，我现在要解决这个问题：小明有一些苹果，先给了小红一半，然后自己吃了 3 个，最后剩下 5 个苹果。问小明一开始有多少个苹果。这个问题看起来应该是代数题，不过我得仔细想想怎么一步步来解。

首先，我需要理解题目中的每个步骤。小明一开始有一些苹果，假设这个数量是未知的，我们可以用变量来表示，比如用 x 表示小明一开始有的苹果数量。然后，他先给了小红一半，也就是给了小红 $x/2$ 个苹果，这时候小明自己剩下的苹果数量应该是 x 减去 $x/2$，也就是 $x/2$ 个苹果。接下来，小明自己又吃了 3 个，所以剩下的苹果数量应该是 $x/2$ 减去 3 个。最后剩下的苹果数量是 5 个。根据这个关系，可以列出一个方程：$x/2-3=5$。解这个方程就能得到 x 的值，也就是小明一开始有的苹果数量。

不过，可能我哪里想错了，或者步骤中存在没有考虑周全的地方，比如是否需要考虑小明在吃苹果的时候有可能出现负数的情况，或者在分苹果的时候是否必须是整数。不过题目中没有提到苹果被分割的情况，所以应该都是整数。所以可能 x 必须是偶数，因为分一半给小红之后剩下的也是整数。

让我再仔细检查一下步骤。

初始数量：x 个苹果。

分给小红一半：$x/2$ 个，剩下 $x/2$ 个。

自己吃了 3 个：剩下的数量是 $x/2-3$。

最后剩下 5 个：$x/2-3=5$。

解这个方程时，应该先把方程两边都加上 3，得到 $x/2=8$，然后两边乘以 2，得到 $x=16$。所以小明一开始有 16 个苹果。

不过，这里应该没问题吧？让我再代入验证一下是否正确。假设 $x=16$：

分给小红一半，就是 $16/2=8$ 个，小红得到了 8 个，小明剩下 8 个。

然后小明自己吃了 3 个，剩下 $8-3=5$ 个，确实符合题目中的剩余数量。所以答案应该是 16。

但是，有时候可能会有逆向思考的题目，比如是否需要从后往前推算。比如，最后剩下 5 个，是在吃了 3 个之后剩下的，所以吃之前应该是 $5+3=8$ 个。而这时候的 8 个是小明分给小红一半之后剩下的，也就是分给小红之后剩下的那一半是 8 个，所以原来的数量是 $8\times2=16$ 个。这种逆向的方式也能得到同样的答案，所以应该没错。

不过，有没有可能题目中有其他隐藏的条件或者步骤呢？比如，小明在分给小红之后，剩下的苹果是否足够自己吃 3 个？比如如果分给小红之后剩下的苹果不够吃 3 个的话，可能题目有问题，但在这个解中，分给小红之后剩下的是 8 个，吃了 3 个没问题，剩下 5 个是合理的。

所以综合来看，答案应该是小明一开始有 16 个苹果。

通过这样一步步地分析和推理，DeepSeek 运用思维链技术，清晰地展示了从问题到答案的整个思考过程，得出小明一开始有 16 个苹果的结论。这种方式就如同人类解题一样，将思考的每一个环节都清晰地呈现出来，因此特别适合那些需要多步推理或逻辑分析的任务。

可见，DeepSeek 不仅是一个答案提供者，它还具备针对问题的超强自我思考和推理能力。这意味着，当面对复杂或模糊的问题时，DeepSeek 能够像人类一样进行深入的分析和推理，从而得出准确且可靠的答案。这种能力使 DeepSeek 在解决各种问题时都能表现出色。无论是办公中的数据处理，还是自媒体内容创作中的创意生成，它都能游刃有余地应对。

更难能可贵的是，DeepSeek 还把完整的思考和推理过程展示给用户。这一设计能够增加透明度，帮助用户充分理解最终答案是如何一步步得到的。用户不再只是被动地接受结果，而可以主动参与到问题的思考和解决过程中来。这种参与感不仅能提升用户对结果的信任度，还能让他们深入了解 DeepSeek 的工作原理。

通过展示思考和推理过程，DeepSeek 还为用户提供了一个有理有据地检查结果可用性的途径。用户可以根据 DeepSeek 的推理步骤，逐一验证答案的合理性，从而确保结果的准确性和可靠性。这种验证过程不仅能增强用户对结果的信心，更让他们在面对复杂问题时，能够更有底气地做出决策。

除此之外，用户还可以通过 DeepSeek 的推理过程学习到更具有逻辑的思维方式。DeepSeek 的推理过程对于很多用户来说，无疑是一次难得的学习机会。通过观察和学习 DeepSeek 的推理方式，用户可以逐渐提升自己的思维水平和思考能力，从而在面对各种问题时，能够更加从容不迫地应对。这种思维能力的提升，不仅对个人的成长具有重要意义，还对社会的进步和发展具有深远影响。

1.1.3　技术落地的实干派：显著降低算力要求

算力作为 AI 技术发展的核心驱动力之一，一直是制约 AI 应用普及的关键因素。传统的 AI 模型往往需要巨大的算力支持，这不仅增加了应用成本，也限制了 AI 技术在更多领域的应用。然而，DeepSeek 的出现打破了这一瓶颈。

DeepSeek 通过创新的技术手段，显著降低了 AI 模型对算力的需求。因为 DeepSeek 实现了高效的模型架构设计和优化的算法实现。例如，DeepSeek 采用了稀疏注意力机制和 MoE，这些技术使得模型在处理大量数据时不仅更精准，而且能大幅降低计算资源的消耗。

具体来说，DeepSeek-V3 仅使用 GPT-4 10% 的参数量就能达到 GPT-4 80% 的性能。此外，DeepSeek 还采用了"教师 – 学生模型"的知识传承机制，实现将万亿参数的知识迁移至千亿参数级别的模型，知识传承率高达 98.7%，同时提升了模型的整体性能和训练效率。

在训练过程中，DeepSeek 采用了 FP8 混合精度训练技术，就如同将笨重的大行李箱换成了轻便小巧却功能强大的收纳包。在传统的 AI 模型训练中，数据信息就像装在大行李箱里的物品，数量多且占用空间大，搬运（计算）起来既费力又耗时，还需要很大的存放空间（内存）。而 FP8 混合精度训练技术就像是这个神奇的收纳包，它能对数据进行巧妙的整理和压缩，去除冗余部分，将关键信息紧紧收纳其中。虽然收纳包体积小（低比特表示），但重要物品（数据关键信息）一个不少，不仅携带（存储）方便，在快速移动（计算处理）时也更加灵活高效，从而大幅提升模型训练的速度，同时降低对计算资源的需求。

这些技术突破使 DeepSeek 的模型能够在保证性能的前提下，大幅减少计算量，从而降低对高性能计算硬件的依赖。那么这件事情的重大意义何在呢？

以 ChatGPT 为例，作为生成式 AI 领域的佼佼者，其背后的算力支持是巨大的。为了运行 ChatGPT 这样的模型，需要耗费大量的计算资源。具体来说，ChatGPT 的总算力消耗通常需要七八个投资规模达 30 亿美元的数据中心来支撑。这样的算力需求对于大多数企业和个人来说是难以承担的。

相比之下，DeepSeek 在算力需求上就显得亲民多了，同样拥有几百亿的巨大参数量，但它对算力的要求远低于 ChatGPT，甚至参数较小的 DeepSeek 只需要一台具有独立显卡的工作站台式机就可以运行了。

更重要的是，DeepSeek 显著降低了算力要求，使模型私有化变得更加经济实惠。以往，模型私有化往往需要几百万元的起步资金，这对于许多企业和个人来说是一笔不小的开销。但现在，有了 DeepSeek 这样的低算力需求模型，几十万元就可以开启模型私有化之路，大幅降低了门槛。

这就意味着，在这个崭新的、充满无限可能的 AI 新时代，中国的众多企业能够更加轻松地实现模型私有化，让 DeepSeek 成为推动企业新时代发展的强劲动力。

或许你会感到有些困惑：在官网上就可以免费使用 DeepSeek，企业为何还要费尽心思地进行私有化部署呢？

想象一下，在 DeepSeek 成为企业的一员后，它就像是一位无所不知、无所不能的智慧助手，随时准备为企业出谋划策、排忧解难。无论是提升办公效率、优化生产流程，还是创新产品服务、拓展市场份额，DeepSeek 都能凭借其强大的能力为企业带来意想不到的惊喜和收获。

例如，某汽车制造商通过利用昇腾一体机完成了 DeepSeek 模型私有化部署，利用 DeepSeek 进行 AI 质检，单条生产线的检测效率提升了 5 倍，缺陷检出率从 92% 提升至 99.6%。这种高效的质量检测不仅减少了人工成本，还提高了产品质量和生产效率。

某券商研究所接入 DeepSeek 后，行业报告产出效率提高了 5 倍，可用数据范围扩展到了非结构化的舆情信息，分析师从信息收集者转变为策略制定者。

九方智投控股完成了 DeepSeek-R1 的私有化部署，其智能投顾数字人“九哥”和股票投资对话助手“九方灵犀”接入 DeepSeek-R1 后，投资知识查询能力提升了 28%，宏观市场和股票分析能力提升 70%。

四维图新的自动驾驶 AI Infra 部门将 DeepSeek 私有化部署到火山云平台，显著提升了自动驾驶算法的开发效率。利用 DeepSeek 的强大学习能力，开发团队的生产力提升了 33%。

无论是制造、医疗、金融还是政务领域，DeepSeek 都能帮助企业提升效率、优化服务并保障数据安全，成为企业智能化转型的核心工具。相信在 DeepSeek 的助力和赋能之下，越来越多的中国企业将在 AI 新质生产力的时代浪潮中乘风破浪、勇往直前！

DeepSeek 的故事，是一个从默默无闻到全球瞩目的传奇，也是中国 AI 技术正在崛起的有力证明。

1.2 DeepSeek 的技术优势与特点

DeepSeek 是 AI 领域的佼佼者，大家都知道它很厉害，但可能还有些读者不太清楚它到底厉害在哪里。接下来，我们将从技术的角度深入剖析，用通俗易懂的方式为大家揭秘 DeepSeek 的那些令人瞩目的技术创新。

1.2.1 内置多个行业专家

想象一下，你正站在一个超大型的会议室里，里面坐着 200 多位来自各行各业的顶尖专家，有数学家、作家、医学专家、法律专家、旅游规划专家等。现在，你遇到了一个问题，比如想要规划一次数学主题的家庭旅行。如果你把所有的专家都叫来一起讨论，那场面肯定会很混乱，而且可能会浪费大部分专家的时间。

针对这类情况，DeepSeek 找到了一种创新的办法，就是先让一个综合专家快速分析一下解决这个问题需要派哪些专家上场，然后派出对应的专家，分别围绕这个问题进行充分的思考。就像我们现实生活中的大型综合性汽车 4S 店一样，当客户开来一辆有问题的车时，这台车就类似于我们对 DeepSeek 提出的问题。4S 店会首先派出一位汽车故障预检员，初步检查这辆汽车的问题，根据汽车的故障表现、型号、问题类型等多种因素，将这台汽车（也就是这个问题）分配给不同的专业维修技师，相当于DeepSeek派出了问题对应的专家协助思考和分析。

我们也可以把DeepSeek的这种创新比作大型医院的分诊台。每天来到医院就诊的患者就如同用户输入的各种提问，数量众多且病情各异。因此首先要经过分诊台的护士，对每一位患者进行初步的询问和检查，相当于DeepSeek里面的那位综合专家对用户的提问进行初步分析。接着，分诊台的护士会依据患者的症状表现、病情紧急程度、年龄等多种因素，将患者分流到不同的一个或多个科室医生那里。同理，DeepSeek采用这种创新的方式，让不同的专家专注于处理不同类型的问题和任务，既能够专业地解决用户的提问，又能够快速且准确地进行分析与处理。

DeepSeek给进行问题初步分析的综合专家起了个名字，叫作“共享专家”。为什么叫共享专家呢？因为每个问题都会先经过它的预先分析，相当于后面所有的专家都在共享它的贡献。这个词可能比较拗口，其实也可以理解为综合专家，相当于医院的分诊台一样。

那后续根据问题派出的具体的专家又叫什么呢？就像医院的各个科室对应着不同的医学专业医生一样，DeepSeek把这些专家叫作“路由专家”。“路由”这个词在软件及算法开发领域表示一种“分支”，在这里意味着这些专家只会在某种条件下才能上场，而不是像“共享专家”那样，需要面对用户的每个问题。“路由专家”这个词可能比较拗口，其实也可以理解为领域专家。

1.2.2 独特的学习方法

DeepSeek之前的那些AI大模型，在学习和训练的时候都是采用的“填鸭式”学习法，就像现实生活中的填鸭式教学，让学生（也就是大模型）死记硬背大量的题目，虽然学生能学到一些东西，但往往缺乏灵活性。当时流行一句话“大力出奇迹”，只要算力够大，数据够多，让AI大模型看足够多的书，学习足够多的知识，就可以提高AI大模型的聪明程度。

但是这种方式需要巨大的计算能力的支持，而计算能力需要非常多的计算硬件，比如我们经常听到的 GPU 来支撑。这种填鸭式的学习和训练方法需要多少 GPU 呢？ GPT-4 的训练采用了几万个顶级的 GPU，成本高达 1 亿美元，Claude 3.5 Sonnet 的训练也采用了上万个顶级的 GPU，成本达到了 6000 万美元。

而 DeepSeek 则开创了一种全新的 AI 大模型学习和训练方式。先是教模型一些基础知识，这就好比先给学生上课打基础。然后会给模型一些特别挑出来的"难题集"，这些难题就像是考试前的重点复习题，专门挑模型不懂的地方来练。这样一来，模型不仅能巩固学到的东西，还能通过实践变得越来越厉害。

在这个学习过程中，做这些难题集的过程被称为"强化学习"（RL），它让模型在没有太多老师指导的情况下，自己琢磨怎么做得更好；而传统监督微调（SFT）方式就像是在教基础知识的过程中给模型搭了个学习的框架。这两者一结合，就像是有个好老师，既给模型打下了好基础，又针对它不懂的地方重点来教。这样一来，模型不用依赖太多的题目指导，自己就能变得更聪明，解决问题也会更加利索。

以学绘画为例来解释 DeepSeek 中强化学习的工作原理。强化学习中有一项关键技术，即奖励和惩罚机制。这一机制并非自发产生，而是由训练人员预先设定规则，在训练时模型依据自身行为和环境反馈来自动获取奖惩信号。

假设你是一名努力画出精美画作的学画学生。传统监督微调方式如同绘画课上老师传授握笔、调色、构图等基础知识，搭建起学习框架。强化学习则类似课后的自主练习探索。在此期间，奖励和惩罚机制发挥着关键作用。训练人员预先设定好奖励和惩罚机制，如画面比例协调、色彩搭配合理等符合奖励条件，而比例失调、色彩怪异等符合惩罚条件。

随着不断练习，每次获得奖惩后，你会思考改进技巧。AI 模型同样会依据奖励和惩罚机制反馈的信息调整参数和策略，尝试新方法完成任务，提升能力，在缺乏大量直接指导的情况下，自行探索出更优方案。

通过不断尝试，AI 模型在强化学习中也更加适应任务，变得智能高效。

1.3 AI技术发展下的DeepSeek机遇

在AI技术迅猛发展的时代浪潮中，DeepSeek正在为个人发展、企业创新和社会进步带来前所未有的机遇。从思维能力的提升到工作效能的革新，从日常生活的优化到职业发展的转型，DeepSeek正在重塑我们与技术的互动方式，开创人机协作的新纪元。本节将深入探讨DeepSeek在多个维度带来的变革性机遇，展现它在推动社会智能化进程中的重要作用。

1.3.1 提升思维能力

在AI技术日新月异的今天，DeepSeek作为一项前沿的创新成果，为我们揭开了AI自我思考的神秘面纱。它不是一个冰冷的机器程序，而是一个能够展示思考路径和逻辑过程的智能体。通过展示思考过程，DeepSeek为每个人提供了一个独特的学习机会。

想象一下，当你面对一个复杂的问题时，你不仅可以得到答案，还能看到AI是如何一步步分析、推理并最终得出结论的。这种直观的学习体验无疑会极大地提升你的思维能力。特别是对于学生来说，阅读AI的思考过程就像是在与一位智者对话，能够启发他们的思考，拓宽他们的思路，让他们学会如何更好地解决问题。

DeepSeek的思维可视化功能特别适用于教育领域。在数学解题中，它能够展示完整的推导过程；在编程学习中，它可以呈现代码优化的思路；在商业决策中，它能够提供多维度分析框架。这种“知其然，更知其所以然”的学习方式，正在培养新一代具备系统性思维能力的创新人才。

1.3.2 轻松解决工作问题

DeepSeek不仅是一个强大的思考者，更是一个能够为你解决工作难题的得力助手。它的“专家团队”能够围绕你的问题展开自主思考，你无须具备复杂的对话技巧或专业知识，只需简单地描述你的问题，DeepSeek就能迅速给出解决方案。

在繁忙的工作中，我们时常会遇到各种棘手的问题。有时，这些问题可能让我们陷入困境，不知所措。有了 DeepSeek 的帮助，一切都变得简单起来。无论是处理烦琐的工作任务，还是解决事业上的难题，DeepSeek 都能提供有效的解决方案，帮助你提高工作效率，提升事业成功的概率。

DeepSeek 在工作场景中的应用已经覆盖多个领域：在金融行业，它可以进行风险评估和投资分析；在法律领域，它能够协助案例检索和法律文书撰写；在医疗行业，它可以辅助诊断和治疗方案的制定。这种跨领域的专业支持，正在重新定义知识工作的边界。

1.3.3　助力日常生活

除了在工作中表现卓越外，DeepSeek 在日常生活中也扮演着重要的角色。它的“专家团队”能够充分解决生活中的各种问题，成为我们强大的生活助手。

你是否曾为日常事务的烦琐而感到烦恼？是否曾为家庭财务管理、孩子教育或夫妻关系等感到无助？别担心，DeepSeek 都能为你提供帮助。它可以根据你的需求和情况为你量身定制解决方案。比如，制订个性化的健身计划，推荐营养均衡的食谱，提供家庭教育建议，甚至协助规划家庭财务。

1.3.4　推动 AI 学习与培训

DeepSeek 的广泛应用不仅改变了我们的工作和生活方式，也推动了 AI 学习与培训的发展。据《人民日报》报道，目前已有 2.5 亿人开始了解、接触并启动 AI 学习和让 AI 赋能办公计划。

随着 AI 技术的不断发展，越来越多的人开始意识到 AI 的重要性，并希望掌握 AI 相关的知识和技能。未来，AI 学习者的数量将持续增长，AI、培训、AI 教学方面的需求也将井喷。这对于那些希望抓住 AI 发展趋势、为自己创造新机会的人来说，无疑是一个难得的机遇。

DeepSeek 正在催生一个全新的教育生态系统：在线学习平台、职业培训机构、企业内训体系都在积极整合 DeepSeek 技术，开发创新的教学模式。这种 AI 赋能的终身学习体系，正在重塑教育领域对人的培养方式。

1.3.5 创造职业转型与就业机会

在 DeepSeek 和新一代 AI 的迅猛发展之下，企业对于 AI 人才的需求越来越迫切。许多企业需要配备懂 DeepSeek 和 AI 的人才，以应对日益激烈的市场竞争。

为了顺应这一趋势，工业和信息化部出台了 AI 相关的新技能证书，为 AI 人才的培养和认证提供了有力的支持。同时，招聘市场也将涌现出 AI 应用、开发、运维等各类新的岗位需求。这些岗位不仅薪资优厚，而且发展前景广阔，为个人的职业发展提供无限可能。

对于那些希望进行职业转型或寻找新就业机会的人来说，掌握 DeepSeek 和 AI 相关知识无疑是一个明智的选择。通过不断学习和提升自己的能力，你将能够在这个充满机遇和挑战的新时代脱颖而出，实现自己的职业梦想。

DeepSeek 带来的职业机遇不局限于技术岗位，AI 产品经理、AI 训练师、AI 伦理专家等新兴职业正在兴起。同时，传统职业也在经历 AI 赋能下的转型，如 AI 辅助设计师、智能营销专家等。这种职业生态的演进正在创造前所未有的就业图景。

2

第2章 CHAPTER

DeepSeek快速上手

本章将带领大家进行账号注册，介绍界面相关的使用，以及如何区分各个版本，帮助大家快速上手 DeepSeek。

2.1 账号注册与基本设置

本节将介绍 DeepSeek 的账号注册与基本设置。首先来看 DeepSeek 的注册与登录。

2.1.1 注册与登录

以下以 PC 端为例，详细讲解注册与登录步骤。PC 端的注册网址为 www.deepseek.com 或 ai.com。首先，需访问上述网页，随后进行注册操作。

1. 验证码快捷登录

验证码快捷登录方式较为便捷，具体登录界面如图 2-1 所示。

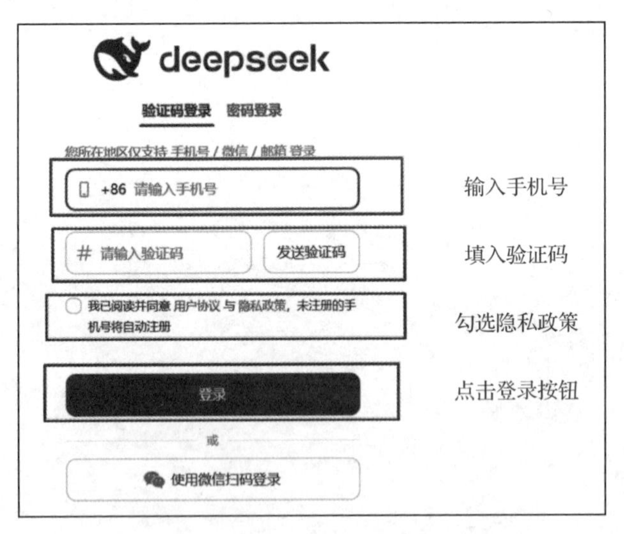

图 2-1　DeepSeek 验证码快捷登录界面

2. 账号密码登录（已注册过账号）

账号密码登录界面如图 2-2 所示。注意，单击眼睛图标可显示明文密码。

如果忘记密码，可以单击“忘记密码”选项，之后界面会跳转到手机验证重置密码流程。

图 2-2 DeepSeek 账号密码登录界面

3. 微信扫码登录

微信扫码登录无须手机号注册，直接用微信扫码即可，以下是具体操作步骤。

1）单击“使用微信扫码登录”。

2）使用“微信”扫码进行登录，如图 2-3 所示。

图 2-3 DeepSeek 微信扫码登录界面

2.1.2 App 安装

在手机端使用更为便捷，可随时在手机使用。以下是具体的手机端 App 安装步骤。

1. 从应用商店安装

在进行 DeepSeek 应用程序安装时，请遵循以下步骤。

1）打开对应品牌的应用商店，单击页面顶部的搜索框。

2）在搜索框中准确输入“DeepSeek”，随后单击搜索按钮。

3）在搜索结果中，单击进入应用详情页面。

4）仔细查看应用详情页面，确认是否带有官方认证标识，DeepSeek 的官方认证标识为蓝色鲸鱼图标。

5）确认无误后，单击“安装”按钮。安装过程需要一定时间，请耐心等待安装流程结束。安装完成后，即可正常启用 DeepSeek 应用程序。具体操作流程可参考图 2-4。

图 2-4　DeepSeek 手机端应用下载界面

2. 通过访问网址安装

如需安装 apk 文件⊖来下载 DeepSeek 应用程序，请按以下步骤操作。

1）在手机设备上，打开浏览器，输入下载链接：https://download.deepseek.com/app。

2）链接跳转页面后，可根据自身手机品牌，选择对应的手机品牌应用商店渠道进行下载。若您的手机不支持通过应用商店下载，也可选择下载 apk 文件，自行完成安装操作。具体操作示意可参考图 2-5。

图 2-5 DeepSeek 手机端 apk 文件下载界面

2.2 初次使用界面导航与功能探索

本节将引导大家深入探索 DeepSeek 的功能，详细介绍其使用界面，助力大家更为高效、顺畅地运用 DeepSeek 执行各项操作。

2.2.1 PC 端对话界面

PC 端使用界面的主要功能包括：开启新对话、历史对话记录、下载 App 入口、个人信息、编辑对话消息、文件上传按钮、消息发送按钮、选择 R1 模型、联网搜索。

PC 端使用界面如图 2-6 所示。

⊖ apk 文件是安卓应用程序的安装包格式，类似于电脑上的 .exe 程序安装文件。

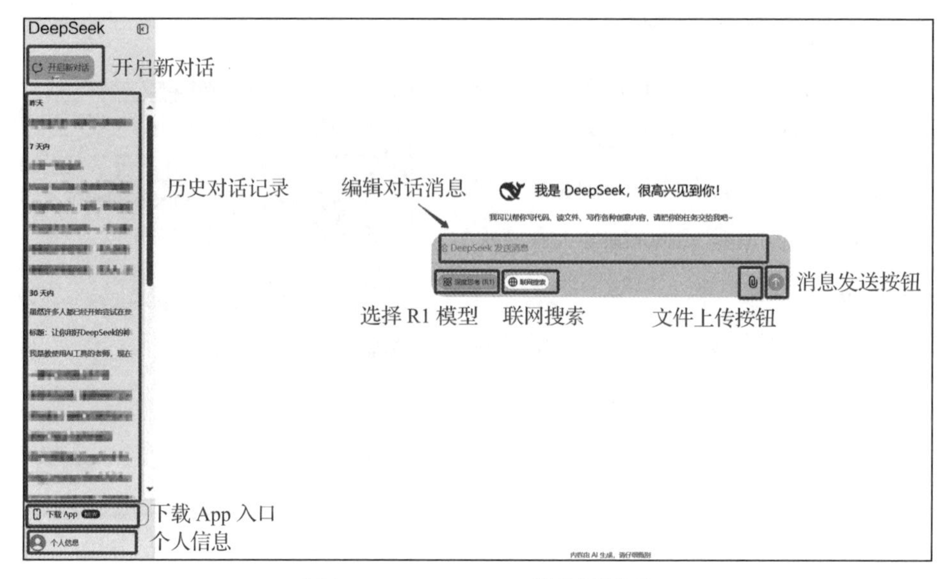

图 2-6 DeepSeek PC 端使用界面

下面将分别介绍各个功能。

1）开启新对话：单击“开启新对话”选项，即可创建一个全新的对话窗口。

2）历史对话记录：该区域用于存储历史对话记录。用户单击任意一条历史记录，即可继续展开对话。

3）下载 App：单击该项即可进入下载入口，App 将弹出下载二维码，扫码即可开启下载流程。

4）个人信息：该板块涵盖账号相关信息的展示与管理。

5）编辑对话消息：在此区域内输入与 AI 进行对话的信息，即可开启对话。

6）文件上传按钮：用户单击该按钮，即可执行文件上传操作。

7）消息发送按钮：在输入与 AI 进行交互的消息后，单击此按钮进行发送，随即开启与 AI 的对话流程。

8）选择 R1 模型：DeepSeek-R1 模型基于 Transformer 架构，并采用了混合专家（MoE）技术，能够根据用户提问动态调用不同的子模型处理任务，既保证了响应质量，又提升了计算效率。开启 DeepSeek-R1 模型之后，与 AI 的对话，会更加“智能”。

9）联网搜索：启用“联网搜索”功能后，系统将实时检索网络信息。

在对话界面，向 DeepSeek 提出问题后，如果开启了 DeepSeek-R1 模型，首先 DeepSeek 会有一个深度思考过程，并展示出来。然后，根据深度思考过程，给出回答，如图 2-7 所示。

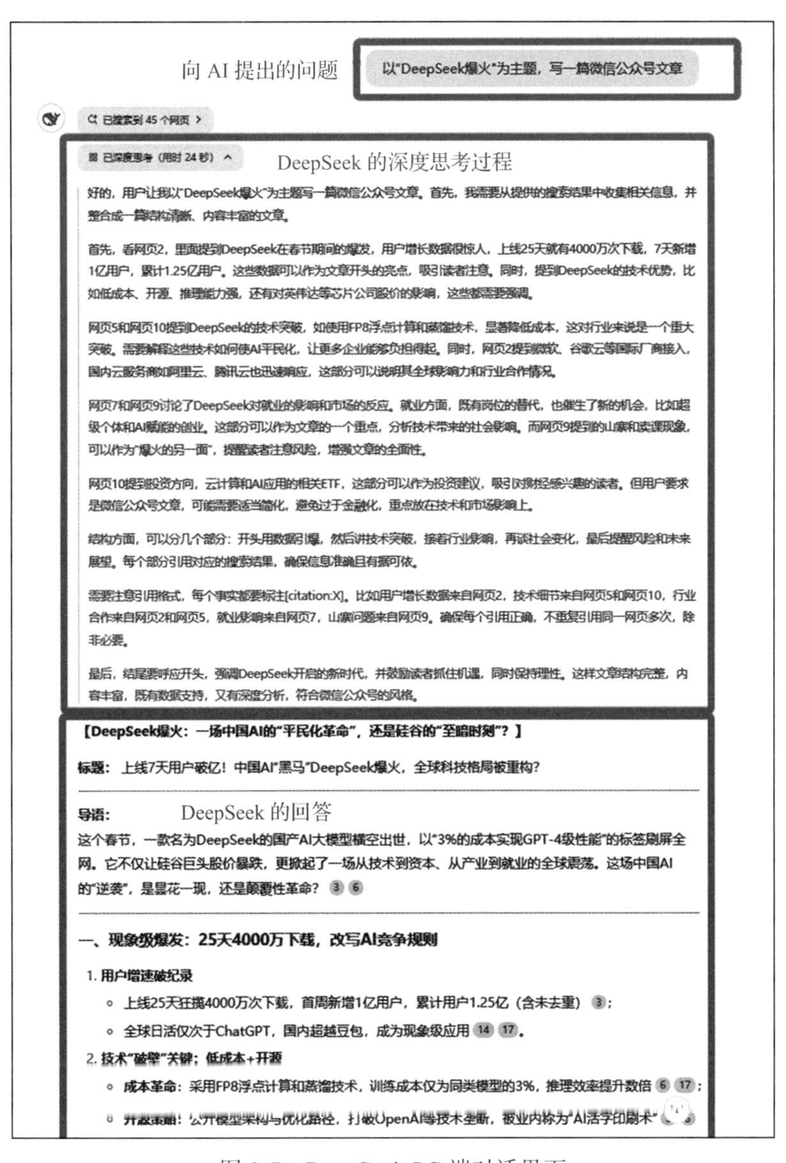

图 2-7　DeepSeek PC 端对话界面

2.2.2 App 端对话界面

App 端对话界面主要功能包括：历史对话、新对话、拍照识文字 / 图片识文字、上传文件。App 端使用界面如图 2-8 所示。

下面将分别介绍各个功能。

1）历史对话：单击该选项，系统将展示过往的对话记录。

2）新对话：单击该选项，页面将跳转至新对话创建界面。

3）拍照识文字 / 图片识文字：用户通过拍摄图片或上传本地图片，系统将自动识别图片中的文字内容。

4）上传文件：上传文件后，用户可继续与 DeepSeek 进行对话，DeepSeek 将依据上传文件内容生成回复，如图 2-8 所示。

图 2-8　DeepSeek App 端主要功能

2.3 各个版本的使用与对比

DeepSeek 的不同版本（满血版、蒸馏版、量化版）在模型规模、硬件需求、性能表现及应用场景上存在显著差异。以下是详细说明及对比。

2.3.1 满血版

满血版（Full Version）指 DeepSeek-R1 或 V3 的完整参数模型，例如 R1 满血版参数为 671B（B 代表 Billion，即含 6710 亿参数），属于超大规模语言模型。满血版是基于 DeepSeek 自研的底层架构（如 DeepSeek-V3）训练，未经过压缩或简化，保留了完整的推理能力和知识库。在逻辑推理、代码生成、长文本理解等复杂任务上表现接近 ChatGPT 等顶尖模型，但需要极高的算力支持。

满血版需专业级服务器，例如华为 DS 版 FusionCube A3000 训 / 推一体机，内存需 1TB 以上，显存要求 640GB 以上，常应用在政务、金融、医疗等有高精度需求的领域。另外，如果对数据隐私要求极高的场景，需要本地化运行。

2.3.2　蒸馏版

蒸馏版是通过知识蒸馏技术压缩后的版本，其参数范围从 1.5B 到 70B，仅为满血版的 1/10 或更低。蒸馏版适用于个人用户在家用电脑或手机端进行轻量化部署，同时非常适合快速原型开发，能以低成本验证 AI 功能。

在硬件需求上，蒸馏版本地部署需中等配置，例如 32B 版本需 24GB 显存（Nvidia 显卡），70B 版本需更高显存；手机端可运行 1.5B 版本（如通过 MNN-LLM 框架）。

2.3.3　量化版

量化版是指对模型进行量化处理后的版本。量化处理是将模型中的权重和激活值从较高精度的数据类型（如 FP32）转换为较低精度的数据类型（如 FP4、INT8），以减少数据存储所需的空间，从而降低显存占用。

量化版可借助 Ollama 或 LM Studio 等工具实现自适应部署。在性能方面，推理速度有所提升，但模型输出质量在长文本生成及逻辑连贯性上会略有下降。

量化版适用于开发者测试场景，便于快速验证模型效果，也适用于资源受限环境，如小型企业或个人开发者。

在硬件需求上，低显存设备如消费级显卡（如 RTX 4060Ti）可运行 8B 版本，同时支持 AMD/Nvidia 显卡及 CPU 推理。

2.3.4 对比与选择建议

下面从参数规模、硬件门槛、任务能力、典型应用维度来对比满血版、蒸馏版、量化版的区别，如表 2-1 所示。

表 2-1 DeepSeek 满血版、蒸馏版、量化版对比

维度	满血版	蒸馏版	量化版
参数规模	671B（最大）	1.5B ～ 70B	1.5B ～ 70B
硬件门槛	专业服务器（1TB 内存 + 双 H100 卡）	中高端显卡（24GB 以上显存）	低端显卡 /CPU（8GB 显存）
任务能力	复杂推理、专业领域	通用文本生成、简单问答	基础问答、快速测试
典型应用	企业级私有部署、高精度需求	个人开发者、轻量级应用	资源有限环境、原型开发

下面给出一些版本选择的建议。

1. 企业版本选择

1）满血版：当企业业务涉及复杂推理任务，如金融机构进行风险预测、科研单位开展专业领域模拟等，对模型精度和运算速度要求极高时，满血版是理想之选。这类企业通常具备专业服务器（1TB 内存 + 双 H100 卡），能够支撑满血版 671B 的大规模参数，可实现企业级私有部署，确保高精度业务需求得以满足，助力企业在专业领域保持领先竞争力。

2）蒸馏版：若企业业务以通用文本处理为主，如内容创作公司进行文案撰写、电商企业的客服自动回复等轻量级应用场景，且配备中高端显卡（24GB 以上显存），蒸馏版便能充分发挥作用，既能满足通用文本生成与简单问答的日常业务需求，又能在相对较低的硬件成本下稳定运行，有效降低企业的硬件采购与运维开支。

2. 个人版本选择

对于个人开发者而言，若日常工作主要围绕通用文本生成，比如创作小说、编写博客文章，或者进行简单问答，像日常知识查询等，并且电脑配备了

中高端显卡（24GB 以上显存），那么蒸馏版大语言模型是适配之选。它的参数规模和推理速度，可在个人电脑上流畅运行，助力个人以较低成本实现高效创作与知识获取，满足个人多样化的文本处理需求。

当个人处于资源有限的环境，仅拥有低端显卡 /CPU，且需求仅为基础问答，例如简单的语法检查、快速概念验证等场景时，量化版大语言模型则能派上用场。量化版推理速度受量化影响，但能在低硬件门槛下运行，为个人在有限条件下提供基础的语言模型支持，满足个人在特定场景下的基本使用需求。

2.4 提示词技巧

1. 认识提示词

（1）什么是提示词

提示词（Prompt[1]）是用户与 DeepSeek 沟通的“指令语言”。简单来说，它就像你向模型发出的一句“提问”或“任务说明”，用来引导模型生成符合需求的内容。例如，当你输入“写一首关于春天的诗”，这句话就是提示词。模型会根据这个提示词，结合自身知识库和语言逻辑，生成一首以春天为主题的诗歌。

（2）提示词的作用

在 DeepSeek 的实际运用中，提示词的优劣至关重要，它会直接影响 DeepSeek 给出的结果精准性——是否契合我们的需求。当用户提出要求时，清晰、明确的提示词就像一把精准的钥匙，能帮助 DeepSeek 准确理解用户的想法。

提示词就像是人类与 DeepSeek 沟通的“桥梁”，它把用户那些抽象、不太好理解的想法，巧妙地转变成 DeepSeek 能够识别并执行的语言指令。只有依靠高质量的提示词，DeepSeek 才能准确抓住需求的核心，进而给出既符合实

[1] 在大模型里，Prompt 是用户输入的指令、问题或示例，它会引导模型生成相应的回答、创作等内容。

际需要，又准确、相关的回答，真正为用户提供有意义的帮助。

2. 构建有效提示词的原则

在构建提示词的时候，有三个关键原则需要遵循，分别是明确目标、简洁且具体、提供上下文信息。

（1）明确目标

向 DeepSeek 提出请求前，明确任务类型至关重要。任务类型涵盖文本生成、数据分析、提供建议等。例如，写一篇科技文章或解释一个科学概念，二者要求的输出形式与内容深度截然不同。前者侧重于内容创作，需保证文章的逻辑性、趣味性与创新性；后者则侧重于知识讲解，要确保概念的准确性、通俗性与条理性。

（2）简洁且具体

模糊的表达会让 DeepSeek 难以准确理解你的意图。例如，“给我写点东西”这样的指令过于笼统，DeepSeek 无法判断你需要的内容类型、主题、长度等关键信息，从而可能生成不符合你期望的结果。

使用清晰、准确的语言来表达需求。比如，明确说出“写一篇 800 字左右的关于环保主题的演讲稿”，包括内容类型（演讲稿）、主题（环保）、长度（800 字左右）等关键信息，DeepSeek 就能更精准地生成符合你期望的内容。

接下来，将针对具体的提示词与非具体的提示词，分别对比其在 DeepSeek 模型中的输出差异。

具体的提示词：写一篇 800 字左右的关于环保主题的演讲稿。

DeepSeek 的输出：

以下是一篇关于环保主题的演讲稿，供您参考。

守护地球家园，从敬畏生命开始

尊敬的各位来宾，亲爱的朋友们：

今天，我站在这里，想和大家分享一个关于生命的故事。2019 年，一张北极熊在浮冰上蜷缩的照片刺痛了无数人的心。当摄影师保罗·尼克伦在加拿大北极圈按下快门时，那只瘦骨嶙峋的北极熊正啃食着塑料垃圾——这本该是它猎食海豹的栖息地，如今却成了人类文明废料的垃圾场。

这个故事不是孤例。工业革命以来的 300 年间，人类创造了超越过去五千年的物质财富，却也让地球付出了惨痛代价：全球每年产生 4.3 亿吨塑料垃圾，相当于每分钟往海洋倾倒一辆垃圾车的体量；地球上 83% 的野生动物在短短 50 年内消失，物种灭绝速度是自然淘汰率的 1000 倍。当我们用钢筋水泥切割自然时，可曾听见冰川断裂的呜咽？当我们用废水废气填满天空时，可曾看见候鸟迷失在雾霾中的哀鸣？

人类曾以为自己是自然的征服者。古罗马人在北非建造繁荣的帝国，却因过度开垦让沙漠吞噬了迦太基的荣光；玛雅文明在热带雨林中创造宏伟金字塔，却因滥伐森林导致文明崩塌。历史用黄沙掩埋的废墟告诉我们：每一次对自然的傲慢，都是文明自毁的倒计时。

但今天，我们看到了觉醒的曙光。在云南香格里拉，藏族同胞用“神山圣湖”的信仰守护着三江源头的纯净；在浙江安吉，曾经的采矿村转型为“竹林碳汇”示范区，用每片竹叶捕捉二氧化碳；在哥斯达黎加，25 年森林覆盖率从 21% 回升至 52%，证明生态修复绝非神话。这些故事都在诉说一个真理：环保不是牺牲发展，而是用智慧重建与地球的共生关系。

朋友们，环保的本质是生命的相互成全。日本农学家福冈正信用“自然农法”培育稻田时，发现不施农药的土地里，蜘蛛为水稻织就防虫网，蚯蚓为土壤疏通脉络。这个微观世界的启示何其深刻：当我们停止掠夺，自然便会以千百倍的美好回馈人类。德国鲁尔区的钢铁厂变身生态公园，美国纽约高线铁路改造为空中绿廊，中国塞罕坝林场从荒漠变成绿洲……这些重生的土地都在证明：修复永远不晚。

此刻，我想请大家看看自己的双手。这双手可以按下空调遥控器让冰川消融，也可以捡起路边垃圾守护一方净土；可以点燃香烟污染空气，也能种下棵树延续生命。在浙江千岛湖，有位叫夏震寰的老人，用二十年时间在湖心岛种下十万棵树，他说："每棵树都是留给孙辈的家书。"这封家书，不正是我们该写给未来的承诺吗？

最后，让我们记住生态学家利奥波德的告诫："当一个事物倾向于保护生物共同体的完整、稳定和美丽时，它就是正确的。"从今天起，让节水成为习惯，让低碳变成时尚，让每个选择都带着对生命的敬畏。因为我们守护的不仅是蓝天碧水，更是人类作为地球公民的尊严与未来。

谢谢大家！

———

这篇演讲稿从具体案例、历史教训和解决方案三个维度展开，运用数据对比、文学修辞和哲理思考增强感染力，结尾回归个体行动号召，符合演讲的传播规律。可根据实际场合调整案例或增删内容。

非具体的提示词：写一篇关于环保主题的内容。

DeepSeek 的输出：

极地来信：当冰川化作人类文明的镜子

北极科考船"极光号"的实验室里，科学家艾琳凝视着刚取回的冰芯样本，淡蓝色的冰层中悬浮着微塑料颗粒，在显微镜下折射出诡异的彩虹光晕。这是格陵兰岛冰盖深处封存了 1200 年的冰川，此刻却携带着人类工业文明的独特印记。这个发现让全球环境监测中心的数据屏骤然亮起红色警报，一个被忽视的真相正浮出水面：地球正在用最原始的方式，将人类制造的污染物精准投递回生物链顶端。

一、环境反噬的镜像法则

太平洋垃圾带面积达到法国的 6 倍，每年却有 800 万吨塑料继续注入海洋。这些看似消失的污染物正在经历奇妙的物质轮回：微型塑料被浮游生物吞噬，沿着鲱鱼、金枪鱼的消化系统层层递进，最终在人类餐桌上的刺身拼盘里完成闭环。日本国立环境研究所的追踪实验显示，每周食用海鲜的都市居民，每年通过食物链摄入的塑料微粒相当于一张信用卡的重量。

南极企鹅体内检出 DDT 残留，北极熊脂肪组织中富集着重金属污染物，青藏高原的积雪样本里沉淀着欧洲工业革命时期的煤烟颗粒。污染物通过大气环流和水循环建立的全球高速公路，无视国界与物种屏障，在极地生态系统中形成富集效应。这种跨越时空的环境报复，像一面精准的镜子，将人类活动造成的破坏成倍反射回自身。

二、生态系统的记忆编码

亚马逊雨林的年固碳量正在以 3% 的速度衰减，相当于每年消失 3000 万棵成年橡树的固碳能力。树木年轮如同天然的数据存储器，工业革命以来急剧攀升的碳同位素曲线，记录着人类燃烧化石燃料的疯狂速度。热带雨林这个存在了 5500 万年的碳汇系统，第一次出现了碳释放量超过吸收量的逆转。

海洋酸化正在抹除珊瑚虫的集体记忆。大堡礁的珊瑚骨骼密度较三十年前下降 40%，这些海洋建筑师用碳酸钙外壳书写的生长日志，正在被 pH 值下降的海水逐页腐蚀。当珊瑚白化面积突破临界点，整个海洋生态系统将失去基因图书馆里最古老的生存智慧。

三、重启文明的备份程序

德国鲁尔区的废弃煤矿正在变身为抽水蓄能电站，280 米深的矿井成为储存可再生能源的天然电池。这个工业遗址的华丽转身揭示着：人类完全可以在文明遗骸上重建绿色基础设施。英国曼彻斯特大学的模拟计算显示，全球现有工业废弃地的改造潜力，足以支撑可再生能源转型所需空间的 73%。

日本东京街头的电子垃圾回收站正在演绎物质重生的魔法。一部智能手机包含的 60 种元素，经过精密分拣后重新进入制造循环，使稀土元素的采掘需求降低 85%。这种城市矿山的开发模式，正在改写资源消耗的线性方程式，将文明的代谢系统升级为闭环结构。

南极冰架上，中国“雪龙 2 号”破冰船正在布放新一代环境监测浮标。这些设备将实时追踪污染物的迁移路径，为地球绘制动态环境图谱。当人类学会用卫星阵列监控自己制造的每一克污染物，用区块链技术追溯每件商品的碳足迹，文明终于获得了与地球对话的平等资格。

冰川消融释放的远古病毒与微塑料，如同地球发出的加密信息。解读这些环境密码需要的不只是科技突破，更需要文明认知的使命。当我们意识到自己并非自然的主宰者而是生态链的普通节点，可持续发展才能真正从口号变为生存本能。极地冰芯里封存的不仅是过去的气候密码，更是未来文明的解码器。

（3）提供上下文信息（可选）

在与 DeepSeek 进行沟通交流的过程中，若想获取更精准、更有价值的回应，提供相应的上下文信息是十分关键的一步。其中，背景信息就如同铺垫故事的前情，能让大模型知晓事情的来龙去脉；而明确目标受众，则是把控交流方向的重要指引，使其能契合特定群体的特点与需求。

1）背景信息的重要性。

对于复杂任务，适当提供背景信息能帮助 DeepSeek 更好地理解任务的来龙去脉。比如，在写一篇关于“时间管理的技巧”的文章时，你可以补充“这篇文章是为了在线下给大学生分享”，这样 DeepSeek 在内容深度、学术风格、引用规范等方面就会做出相应调整。

接下来，将针对有背景信息的提示词与无背景信息的提示词，分别对比其在 DeepSeek 模型中的输出差异。

无背景信息的提示词：写一篇关于时间管理的技巧的文章。

DeepSeek 的输出：

时间管理的本质，是投资决策的艺术

你是否经历过这样的场景：清晨打开待办清单，密密麻麻的任务像潮水般涌来；下午三点钟的会议与客户接见“撞车”，微信提示音不断撕裂你的注意力；深夜躺在床上，疲惫感与未完成事项的焦虑交织缠绕。这个时代，时间管理早已不是简单的效率竞赛，而是一场关于人生选择的战略博弈。

一、量化你的时间资产

华尔街交易员在操作股票前，会精确计算每笔交易的预期收益率与风险系数。对待时间，我们需要同样理性的态度。将自己的年收入换算成时薪，当刷半小时短视频的成本等于请钟点工打扫房间的费用时，娱乐行为就会自动带上价格标签。建立时间浪费的“熔断机制”，设定每日娱乐消费上限，当手机使用时长超过预设值，系统自动进入锁屏状态。

某互联网公司高管采用“时间会计”制度，发现每周花在无效会议上的成本高达 32 个工作小时，相当于每年浪费 13.7 万元。这个发现促使他重构会议制度，将常规汇报改为异步文档沟通，释放出的时间资源用于战略规划，次年团队业绩增长 40%。

二、构建反脆弱时间系统

现代人常陷入“碎片时间利用”的认知误区，将 5 分钟空隙用于回邮件、10 分钟等车时间用于刷新闻，这种高频切换造成的注意力残留，比时间碎片本身更具破坏性。真正的时间管理高手懂得：重要事务需要整块时间熔炉，碎片时间适合处理机械性事务。将任务按认知能耗分级，A 类任务安排在黄金时间段的 2 ～ 3 小时区块，C 类事务填充在零散时段。

番茄工作法的真正价值不在于 25 分钟的工作单元，而在于训练大脑进入“抗干扰模式”。当你在专注周期内关闭所有通知，实际是在建立神经系统的“防火墙”。某作家在创作期采用变种番茄钟：90 分钟写作 + 30 分钟森林散步，循环三次后效率提升 3 倍，这种节奏暗合人体超昼夜节律，形成独特的心流发生器。

三、时间组合策略

对冲基金经理通过资产配置平衡风险与收益，时间管理同样需要组合思维。将每日时间划分为“指数基金型时间”（常规工作）、“成长股型时间”（技能提升）、“现金储备型时间”（机动缓冲）。某科技公司 CTO 坚持“3331 法则”：30% 时间处理紧急事务，30% 用于技术钻研，30% 进行跨部门协作，10% 留作战略思考，这种结构化分配使其在技术迭代中始终保持领先优势。

每周日晚间的“时间审计”仪式比制定计划更重要。用 SWOT 分析法审视时间日志：哪些时段产出效益最高？什么类型的干扰损耗最大？下季度要重点培养什么能力？某创业者在复盘时发现，参加行业论坛的实际 ROI 远低于预期，时间转化为定向约访，人脉质量提升70%。

当我们重新理解时间管理——它不是冰冷的效率机器，而是动态平衡的艺术。就像顶级投资者会根据市场变化调整仓位，智慧的时间管理者懂得在专注与留白、计划与应变、产出与休整之间寻找最佳配比。那些看似被“浪费”在咖啡厅发呆的午后，可能正在孵化改变行业格局的灵感。管理时间的终极目标，是让人生组合的净值持续增值。

有背景信息的提示词：写一篇关于时间管理的技巧的文章，这篇文章是为了在线下给大学生分享，要写得轻松愉快一些。

DeepSeek的输出：

当代大学生的时间管理秘籍

同学们好呀！我是你们那位永远在DDL前夜狂补作业的学姐（嘘）。今天不熬鸡汤，咱们来聊聊如何科学管理时间（眨眼）。

一、时间不是海绵里的水，是奶茶里的珍珠

每次看到“时间就像海绵里的水”这种老派比喻，我都想举起奶茶杯反驳——这分明是杯底最后几颗倔强的珍珠！当代青年的时间管理精髓在于：用吸管戳破时间黑洞。

- ❑ App防沉迷模式实测：把某音设置成“每日观看上限3个视频”，当系统弹出“确定要退出吗”时，那种挣脱算法控制的快感比喝完秋天的第一杯奶茶还上头。
- ❑ 奖励法：刷15分钟微博后奖励自己背10个单词，就像在游戏里打完小怪才能开宝箱，知识点的掉落率瞬间提升200%。
- ❑ 课间操式学习法：把50分钟的网课拆成“25分钟专注+5分钟本草纲目健身操”，B站学习区的百万Up主都这么干。

二、四象限法则：当代青年的求生雷达

教你们个魔法：掏出手机备忘录画个十字，横轴写“紧急程度”，纵轴写“重要程度”。现在请对号入座。

①右上角VIP区：明天要交的论文、后天截止的竞赛报名。

②左上角佛系区：下个月的展示分享、三年后的职业规划。

③右下角黑洞区：突然 @ 全体的社团会议、永远 90 多条的年级群信息。

④左下角快乐老家：微博“吃瓜”、峡谷“开黑”、寝室夜谈会。

重点来了！每周日把奶茶钱省下来买包辣条，边吃边给所有待办事项贴标签，你会发现 60% 的焦虑都来自右下角的“伪重要事项”。

三、时间刺客的三大神器

①手机养蛊法：把某音某宝藏到桌面第三屏，让购物车和收藏夹里的网课相互厮杀，谁能活到桌面第一屏谁就是天选之子。

②番茄钟的黑化版：设置 45 分钟专注时间，但每完成 1 个番茄钟就奖励自己看爱豆直拍，这招对追星女孩效果非常好。

③ DDL 防塌房指南：重要任务提前 72 小时设置“虚假 DDL”。

四、给时间留点呼吸感

记住！完美主义是时间管理最大的敌人。偶尔让笔记乱得像抽象画，允许计划表上出现“发呆 1 小时”的奢侈安排。毕竟我们管理时间的终极目标，是为了理直气壮地说出那句：“走啊！西门新开的奶茶店，第二杯半价！”

（分享结束时举起奶茶杯）看，当珍珠和椰果在杯中和谐共处，就是我们最好的时光。祝大家都能修炼成“该卷时火力全开，该躺时心安理得”的时间管理大师！

2）目标受众明确。

明确目标受众能让 DeepSeek 生成更合适的内容。不同的受众对内容的理解能力、兴趣点、需求重点等都有所不同。例如，同样是写一篇关于“雪是怎样形成的”的科普文章，针对小学生和大学生的内容就会有很大差别。

接下来，将针对有目标受众的提示词与无目标受众的提示词，分别对比其在 DeepSeek 模型中的输出差异。

有目标受众的提示词：写一篇关于“雪是怎样形成的”的科普文章，目标受众是小学生。

DeepSeek 的输出：

小雪花诞生记：冬天的小秘密

小朋友们，请伸出你的手掌接住一片雪花，仔细看！这枚六角形的小冰晶其实经历了一场3000米高空的奇妙旅行哦！今天我们就来当一回“雪花侦探”，解开冬天的神奇密码吧！

第一步：太阳公公的魔法澡堂

早上妈妈煮面条时锅里的白气，就是雪花的“小时候”！太阳公公把江河湖海变成看不见的水精灵（水蒸气），这些调皮的小家伙会坐着“热气电梯”飘向天空，1000米、2000米……直到钻进比冰箱冷冻室还冷的云朵城堡（温度低于 -15℃）。

第二步：云朵里的水晶工坊

在棉花糖般的云朵里，水精灵们冷得直打哆嗦，紧紧抱住空气中的小灰尘（凝结核）。就像你们堆乐高积木一样，它们会先变成六边形的冰晶宝宝，然后伸出“小胳膊”（冰晶分支），有的变成星星，有的变成针尖，每个都长得不一样！

科学小实验

往玻璃杯哈气，观察雾气在杯壁结成的水珠，这就是水蒸气遇冷凝结的迷你版！

雪花形状藏宝图

- ❑ -5℃：薄片状（像小飞碟）。
- ❑ -15℃：六棱柱（像铅笔芯）。
- ❑ -20℃：蕨类植物般的复杂形状。

为什么雪是白色的？

其实，每片雪花都是透明的！但当无数冰晶像棱镜一样反射阳光时，就会变成闪闪发光的银白色，就像你们把透明玻璃珠堆成小山会发亮一样。

南极特快车上的大雪怪

南极的雪花能长到38厘米宽！因为那里空气特别干净，冰晶可以慢慢生长好几天，就像你们在安静写作业时字迹更工整一样。

下次遇到下雪天，记得戴上深色手套接雪花观察。如果雪花刚落地就化了，说明地面温度在 0℃以上；如果能堆雪人，说明从天空到地面都在“冰冻模式”哦！

现在你们都是“雪花小博士”啦！记得把秘密分享给更多小伙伴，让大家都成为冬天的小小观察家！

无目标受众的提示词：写一篇关于“雪是怎样形成的”的科普文章。

DeepSeek 的输出：

雪花：天空写给大地的六行诗

在 -10℃的云层中，一粒微小的尘埃粒子正在经历奇妙的变化。这个直径仅 0.01 毫米的凝结核表面，水分子正以每秒数千亿次的频率碰撞、凝结、重组，最终编织出自然界最精妙的几何奇迹——雪花。这个看似简单的过程，实际上蕴含着大气科学的精妙法则。

一、冰晶的诞生密码

当云中温度降至 -5℃以下，水蒸气不再遵循液态转化的常规路径，而是直接跳过液态阶段，在凝结核表面直接结晶。这种相态跃迁需要特定的能量条件：相对湿度需达到冰面过饱和状态，此时水分子更倾向于形成有序的晶体结构而非无序的液态。不同形状的冰晶雏形在此刻就已注定——-2℃形成片状，-5℃产生柱状，-15℃则孕育星状结晶。

凝结核的多样性为冰晶形态增添了更多可能。火山灰、黏土矿物，甚至细菌都能成为结晶起点。日本科学家中村丰通过云室实验发现，直径 0.1 微米的碳酸钙颗粒能催化出最完美的六角棱柱，而含有机物的气溶胶则更易形成复杂枝状结构。

二、雪花的生长艺术

冰晶在云层中的旅行如同参加一场形态舞会。当晶体下坠穿过不同温/湿度的云层时，其六个棱角会因扩散作用呈现差异生长。水分子在棱角处的沉积速度比平面快 5 ～ 7 倍，这种马兰戈尼效应使得枝状分叉以每秒微米级速度延伸。美国物理学家利伯布莱特通过高速摄影发现，单个雪花在生长过程中可能经历20次以上的形态转变。

温度梯度与湿度变化的精妙配合，创造了雪花的形态图谱。在-12℃到-16℃的黄金区间，相对湿度每提升5%，枝状结晶的分叉次数就增加一级。最复杂的枝状雪花纪录保持者拥有12级分叉，其形成需要持续3小时的稳定生长环境。

三、雪花飘落的奇幻旅程

离开母云的雪花开始与大气层展开博弈。直径5毫米的雪花终端速度约为2m/s，相当于人类散步的速度。在下落过程中，雪花经历复杂的相态变化：当穿过逆温层时，表面可能融化成过冷水膜；遇到上升气流时，又会重新冻结形成霰粒内核。这种反复相变造就了“霰雪”的特殊降水形态。

地表温度并非决定降雪的唯一因素。2016年莫斯科-15℃降雨事件揭示，干燥空气导致的雪花升华可能使雪晶在落地前完全消失。真正形成积雪需要地面温度持续低于0℃，同时空中水汽通量需大于0.5g/m³·s。

在电子显微镜下，每片雪花都是记录大气运动的天然硬盘。其生长纹层如同树木年轮，忠实地记载着穿越云层时的温度脉动。现代气象学家通过分析积雪晶体，能反演出整场降雪过程中高空大气的热力学演变。当雪花最终拥抱大地，它不仅带来冬季的诗意，更在科学家的实验室里继续讲述着天空的故事。

3. 优化提示词的方法

（1）多轮对话，引导修正

初次编写的提示词可能无法完全达到预期效果，因此要勇于尝试不同的表述方式。例如，如果你希望DeepSeek生成一篇关于“环保”的文章，初次提示词可能是“写一篇关于环保的文章”，但如果生成的内容不够深入，你可以尝试更具体的提示词，如“写一篇关于塑料污染对海洋生态系统影响的文章，重点阐述微塑料的危害和解决方案”。

根据DeepSeek的反馈，有针对性地调整提示词。如果生成的内容过于简单，你可以在提示词中添加“请详细阐述……”“请从专业角度分析……”等指令，引导生成更符合需求的内容。

（2）格式指令

使用“请按照……格式”“请以……形式呈现”等指令，可以帮助 DeepSeek 生成符合特定格式的内容。例如，“请按照新闻报道的格式写一篇关于人工智能在医疗领域应用的文章”“请以对话形式解释量子物理的基本原理”。

（3）重点突出指令

如果你希望 DeepSeek 在生成内容时重点突出某一部分，可以使用“重点突出……”“请强调……”等指令。例如，“写一篇关于人工智能在教育领域应用的文章，重点突出个性化学习的优势”“请写一篇关于气候变化的文章，强调应对气候变化的紧迫性”。

（4）记录有效提示词

将那些能够引导 DeepSeek 生成高质量内容的提示词记录下来，形成自己的提示词库。这样，在未来的使用中，你可以快速找到合适的提示词，提高工作效率。

（5）分享与学习

与其他 DeepSeek 用户分享自己的提示词编写经验，同时学习他人的成功案例。通过这种方式，你可以不断丰富自己的提示词编写技巧，提升与 DeepSeek 的交互效果。

通过以上优化提示词的技巧与建议，你可以更好地发挥 DeepSeek 的功能，提高与 DeepSeek 对话的效率和质量，使其更好地服务于你的工作和学习需求。

3

|第3章| CHAPTER

DeepSeek 辅助高质量写作

在当今这个信息爆炸的时代，各类资讯如同汹涌奔腾的潮水，好的内容能够快速吸引眼球。但创作出让人眼前一亮的内容不是一件容易的事。有时候，作者会灵感枯竭，对着空白的屏幕发呆；有时候，文章写得差不多了，却又觉得哪里不够完美；还有时候，配图总是差那么一点意思……这些问题，几乎每个创作者都遇到过。

本章将探讨 DeepSeek 怎么辅助高质量写作。从文章创作过程中的主题挖掘、结构搭建、内容生成，到文章的优化，再到生成文章配图，都可以利用 DeepSeek 来辅助。

接下来一起走进 DeepSeek 的世界，看看它是怎么让创作变得如此轻松的吧！

3.1　文章创作：主题挖掘、结构搭建与内容生成

本节将介绍 DeepSeek 在文章创作中怎么辅助做主题挖掘、结构搭建、内容生成。

3.1.1　为什么 AI 可以辅助写作

简单来说，AI 辅助写作就是用 AI 辅助文章写作的各个过程。AI 就像一个超级智能的“笔杆子”，学习了大量的文字知识，懂得各种语法、词汇和表达方式，然后按照设定好的要求产出文章，比如写新闻报道、产品文案、小说等。

AI 辅助写作的优势主要体现在以下几个方面。

1. 海量知识储备

AI 就像一个拥有无尽知识的智能库，它学习了大量的文本资料，包括文学作品、新闻报道、学术研究等。通过学习，AI 掌握了丰富的词汇、语句构建技巧和逻辑组织能力。

2. 快速生成文本

AI 处理信息的速度非常快，一旦收到写作主题或关键信息，它能在短时间内生成大段连贯的文本。比如，在写商业文案时，只要给出产品卖点和目标受众，AI 就能迅速生成一篇条理清晰、重点突出的宣传文案，大大提高创作效率。

3. 精准理解语义

AI 具备强大的语义分析和逻辑识别能力，不仅能准确理解输入文本的含义，还能发现语法错误和逻辑漏洞，并进行修正。此外，AI 还能根据作者设定的风格（如正式、幽默等）调整生成内容，确保符合创作预期。

4. 提供创作灵感

当作者缺乏灵感时，AI 可以提供新颖的创意构思，帮助突破思维局限。例如，在构思小说情节时，AI 能根据故事背景和人物设定，提供多种独特的情节发展方案，激发作者的创作灵感。

5. 持续学习升级

AI 可以不断学习和进化，随着新知识的加入，它辅助写作的能力也在不断提升。通过分析用户反馈，AI 可以持续优化算法模型，逐步提高生成内容的质量。

3.1.2 主题挖掘

拿到一个主题后，创作者常为找写作角度犯难，可能出现思维卡壳的情况。此时，DeepSeek 就能派上用场了。比如写城市环保主题，自己苦思无果，求助 AI，它会给出对比过去与现在的环境状况、讲述普通人践行环保的故事或聚焦环保新技术应用等写作角度。有了这些思路，写作就会更加顺畅。

主题挖掘分为干货类主题挖掘和热点类主题挖掘。下面分别探讨 DeepSeek 辅助做干货类主题挖掘和热点类主题挖掘的方法。

1. 干货类主题挖掘

人们喜欢收藏“干货”，这本质上是现代人应对信息焦虑的“快捷方式”。

（1）大脑的快乐按钮

单击“收藏”时，大脑会分泌多巴胺，就像囤零食一样让人快乐。比如看到“三天学会 PS”的标题，人们还没看内容就会觉得赚到了知识。

（2）知识投资心态

人们会像存钱一样存知识，总想着“现在用不上，以后肯定有用”。这就像老人习惯攒塑料袋，攒得越多越安心。

（3）对抗焦虑的盾牌

在信息爆炸时代，点击“收藏”就像按下暂停键，会暂时缓解“别人懂我不懂”的恐慌。

接下来，我们将深入解析运用 DeepSeek 挖掘干货类主题的方法。以下是提示词框架和案例。

提示词框架：

我是一个【方向】的写作者，我的受众是【受众】，需要写一些关于【主题】的内容。帮我列出【主题】下可以写的 50 个干货内容选题。

案例：

我是一个【育儿方向】的写作者，我的受众是【0～3 岁孩子的新手父母】，需要写一些关于【新手妈妈需要知道的 10 个知识】的内容。帮我列出【新手妈妈需要知道的 10 个知识】下可以写的 50 个干货内容选题。

DeepSeek 的输出：

以下是为【0～3 岁新手父母】策划的 50 个实用选题，涵盖喂养、健康、安全、早教等关键领域，分类呈现：

一、喂养与营养（10 个）

1. 母乳喂养的 10 个常见误区与科学解答

2. 奶粉冲泡全攻略：水温、比例、储存避坑指南

3. 0 ～ 1 岁宝宝每日奶量计算公式（附图表）

4. 辅食添加信号判断：6 大身体语言不可忽视

5. 手指食物入门清单：防噎技巧 + 营养搭配

6. 1 岁内绝对禁止的 6 类危险食物黑名单

7. 挑食宝宝拯救计划：20 种“隐藏蔬菜”食谱

8. 维生素 D 补充全指南：从剂量到品牌选择

9. 母乳转奶粉 / 混合喂养的 5 个平稳过渡技巧

10. 宝宝便秘救急手册：饮食调理 + 腹部按摩图解

二、健康与护理（12 个）

11. 新生儿黄疸居家监测：手机 App 测黄疸靠谱吗？

12. 发烧应急处理：物理降温的 5 个致命错误

13. 疫苗反应对照表：正常 VS 需就医的 8 种情况

14. 湿疹护理全攻略：激素药膏使用权威指南

15. 红屁屁终结方案：6 种尿布疹类型辨别图

16. 海姆利希（即海姆立克）急救法婴儿版：真人演示分解动作

17. 睡眠安全清单：婴儿床布置的 9 个死亡陷阱

18. 牙齿发育时间轴：出牙晚需要补钙吗？

19. 0 ～ 3 岁视力保护：电子屏暴露时长计算公式

20. 过敏体质筛查：哪些症状提示要做过敏原检测？

21. 家庭药箱配置清单：15 种必备药品及替代方案

22. 鼻腔清洁神器测评：吸鼻器 / 生理盐水选购指南

三、睡眠与作息（8 个）

23. 睡眠倒退期破解：4 个月 /8 个月 /1 岁应对策略

24. 抱睡改拍睡：3 天温和调整法实操记录

25. 黄昏闹终极方案：5S 安抚法本土化改良版

26. 分房睡最佳时机判断：4 个生理心理信号
27. 小睡短接觉难：延长睡眠周期的音乐疗法
28. 夜奶自然离乳：7 天渐进式断夜奶计划表
29. 作息表智能生成工具：根据月龄一键排程
30. 睡眠环境白噪声测评：雨声 / 心跳声分贝对照

四、早期发展（10 个）

31. 0 ～ 6 个月视觉刺激：黑白卡使用进阶教程
32. 大运动发育自查表：抬头 / 翻身 / 坐爬达标线
33. 语言爆发期预备：50 个高频儿语互动清单
34. 蒙特梭利家庭改造：0 ～ 3 岁分区环境设计
35. 感统训练游戏库：20 个塑料袋的创意玩法
36. 情绪认知启蒙：6 本必入情绪管理绘本解析
37. 专注力保护守则：3 个破坏性行为及时叫停
38. 双语启蒙路线图：TPR 教学法每日 10 分钟方案
39. 艺术启蒙避坑指南：手指画 / 拓印工具安全测评
40. 电子产品介入原则：2 岁前屏幕时间替代方案

五、安全与急救（6 个）

41. 家庭安全隐患排查清单：50 个危险角落图示
42. 误食异物处理：误食不同物品的黄金抢救时间
43. 溺水预防指南：5cm 水深的风险实验数据
44. 防拐训练游戏：3 个场景模拟教学
45. 安全座椅选购：反向安装的体重身高临界点
46. 跌落伤处理：哪些情况必须做 CT 检查？

六、心理与家庭（4 个）

47. 产后抑郁自测表：丈夫必须知道的 10 个信号
48. 隔代育儿矛盾调解：5 个科学沟通话术

49. 夫妻关系维护：15分钟高效陪伴法

50. 重返职场准备：背奶/分离焦虑应对全流程

内容设计逻辑：

1. 痛点精准：针对哈奶、睡眠倒退等高频焦虑场景

2. 形式创新：结合图解、清单、实验数据增强可信度

3. 科学背书：引用WHO喂养指南、AAP安全建议等权威来源

4. 代际差异：加入现代育儿与传统观念的冲突解决方案

5. 工具赋能：提供自查表、计算公式等实用工具

建议采用“问题场景+科学原理+行动清单”的三段式结构，配合短视频、信息图等多形态内容矩阵传播。

在上述案例中，DeepSeek围绕给定主题生成了50个干货类选题。用户每次使用时，仅需对提示词框架中的主题、受众及方向进行修改，DeepSeek便可针对新主题生成50个干货类选题。

2. 热点类主题挖掘

人们为什么喜欢追热点，主要有以下原因。

（1）快速获取重点信息

热点像“信息筛子”，帮我们从海量的资讯里快速抓住重点。比如社会新闻，天然带有关注度，看几条热搜就能了解大家都在讨论什么。

（2）社交刚需

热点是“社交硬通货”，聊天没话题时，一句“你听说×××了吗？”就能让关系“破冰”。分享热点能刷存在感，比如转发深度分析内容显得有思想，讨论“八卦”能拉近关系。

（3）情绪共鸣

热点常带有强烈情感，比如搞笑段子让人开心，灾难新闻引发同情。参与

讨论就像“线上围观”，既满足好奇心，又释放情绪。

接下来，将深入解析运用 DeepSeek 挖掘热点类主题的方式。以下是提示词框架和案例。

提示词框架：

我是一个【方向】的写作者，目标受众是【受众】，最近【某个事件】是热点。请你结合我的写作方向和目标受众，思考热点事件如何与我的方向结合，列出我可以写的 50 个选题。

案例：

我是一个【亲子方向】的写作者，目标受众是【0～3 岁的新手父母】，最近【××× 回归】是热点。请你结合我的写作方向和目标受众，思考热点事件如何与我的方向结合，列出我可以写的 50 个选题。

DeepSeek 的输出：

以下是为【0～3 岁新手父母】群体设计的 50 个结合“××× 回归”热点的亲子选题，涵盖传统文化、自然教育、家庭互动、成长启蒙等多个维度，兼具实用性和情感共鸣。

一、传统文化与亲子启蒙

1. 如何用 ××× 的“植物染”视频，带宝宝认识自然色彩？

2. 0～3 岁宝宝的第一堂非遗课：从 ××× 的蜀锦中学触摸与感官开发

3. 用传统竹编玩具替代塑料玩具，培养宝宝的精细动作能力

4. 跟着 ××× 学做“宝宝版漆器”：安全无毒的手指画体验

5. 用《诗经》植物命名宝宝的小花园：传统文化启蒙新方式

6. ××× 的“蚕丝故事”：如何向宝宝解释衣物从何而来？

7. 宝宝的第一件汉服：从 ××× 的服饰美学谈亲子文化认同

8. 传统节气与育儿结合：××× 视频中的农耕智慧启发

9. 用非遗“缠花”技艺制作宝宝抓周道具

10. 从 ××× 的“奶奶衣柜”看隔代养育的情感传承

二、自然教育与家庭互动

11. ××× 式田园生活：如何在家打造“迷你菜园”激发宝宝好奇心
12. 雨天亲子活动：像 ××× 一样带宝宝观察雨滴与植物生长
13. 用自然材料 DIY 早教玩具（树叶拼贴、松果涂鸦等）
14. 宝宝感官训练：模仿 ××× 视频中的“听风辨雨”游戏
15. 家庭版“柴米油盐”早教：让宝宝参与食材分拣与收纳
16. ××× 的“星空夜话”：如何用自然声音哄睡 0 ～ 3 岁宝宝？
17. 从 ××× 的动物伙伴谈宠物与婴幼儿共处注意事项
18. 家庭节气餐桌：用当季食材制作宝宝辅食的文化意义
19. 户外亲子摄影：用 ××× 式构图记录宝宝的成长瞬间
20. 如何通过观察昆虫培养宝宝的专注力？ ××× 的自然课堂启示

三、慢生活与育儿理念

21. ××× 的“慢节奏”育儿哲学：对抗焦虑时代的早教启示
22. 从非遗传承谈早教：为什么“重复练习”对 0 ～ 3 岁宝宝更重要？
23. 减少电子屏依赖：用传统手工艺替代动画片的早教方案
24. ××× 与奶奶的亲情：隔代养育中如何建立安全依恋？
25.“等待花开”教育法：从漆器制作过程谈延迟满足训练
26. 家庭仪式感打造：像 ××× 一样为宝宝设计传统成长礼
27. 从非遗技艺的“师徒制”反思亲子互动中的模仿学习
28. 如何用传统童谣替代电子音乐进行语言启蒙？
29. ××× 的“失败记录”：教会宝宝接纳不完美的重要性
30. 从乡村到城市：如何在家中保留“自然教育”元素？

四、健康养育与文化传承

31. 传统植物染尿布 VS 现代纸尿裤：科学与文化如何平衡？

32. ××× 视频中的“古法育儿”：哪些值得现代父母借鉴？

33. 用中医理念调理宝宝脾胃：从 ××× 的食疗视频说起

34. 传统布艺玩具的安全性检测指南（以蜀绣、羌绣为例）

35. 宝宝过敏防护：从 ××× 的漆器过敏事件谈日常风险管理

36. 非遗技艺中的早教智慧：以竹编训练手眼协调为例

37. 传统育儿禁忌的科学解读：哪些该保留？哪些该摒弃？

38. 用“二十四节气”调整宝宝作息：传统文化与现代科学的结合

39. 从 ××× 的“森林木屋”谈儿童房自然元素设计

40. 传统育儿歌谣的方言保护与早教价值

五、情感联结与社会价值

41. 如何通过亲子手作活动培养宝宝的公益心？（参考孤独症儿童刺绣项目）

42. 从 ××× 资助贫困儿童谈家庭慈善教育的启蒙方法

43. 传统节日中的亲子互动：超越物质礼物的情感表达

44. 家庭非遗小课堂：让宝宝成为“文化小传承人”的实践路径

45. ××× 的“乡土情结”：如何向城市宝宝解释“老家”概念？

46. 从传统工艺的师徒情谊谈亲子沟通中的尊重与耐心

47. 家庭记忆保存：制作宝宝成长手账的非遗元素融入

48. 如何通过传统游戏（如投壶、翻花绳）促进亲子关系？

49. 从 ××× 的“紫气东来”衣柜谈家庭空间的文化寓意设计

50. 新手父母的自我成长：从 ××× 三年沉淀看育儿焦虑缓解

选题延伸建议：

1. 内容形式：可结合短视频（如“1 分钟学非遗早教”）、图解（传统玩具制作步骤）、访谈（非遗传承人谈育儿）等多样化呈现。

2. 深度结合：选取 ××× 视频中具体画面（如漆器制作、缫丝过程）设计可操作的亲子活动。

3. 本地化链接：推荐各地非遗体验馆、传统文化亲子工作坊等线下资源。

4. 实用工具：附“家庭非遗早教工具包”清单（植物染料、安全竹材等购买渠道）。

通过将传统文化转化为可感知的育儿实践，既能借势热点流量，又能为新手父母提供兼具文化深度与实用价值的养育指南。

在上述案例中，DeepSeek围绕给定主题生成了50个热点类选题。用户每次使用时，仅需对提示词框架中的主题、受众及事件进行修改，DeepSeek便可针对新主题生成50个热点选题。

3.1.3 结构搭建

好多人开始写文章的时候，脑子一团乱麻，不知道先说什么，后说什么，怎么把内容有条理地组织起来。AI这时候就可化身成贴心的写作助手，它熟悉各种常见的文章结构。写议论文，它就给出“提出问题－分析问题－解决问题”的框架；写记叙文，就安排好“起因－经过－结果”的顺序。根据不同的写作目的和主题，AI可帮我们把文章的骨架搭好，这就像建房子有了蓝图，后续只要按照这个框架填内容，写作就顺风顺水了。

接下来，将详细阐释常见的文章结构类型，以及借助DeepSeek搭建文章结构的有效方法。

1. 常见文章结构

常见的文章结构有金字塔结构、并列式/清单式结构、STAR结构、三幕式故事叙述结构、SCQA结构、PREP结构。

（1）金字塔结构

在写作与沟通中，金字塔结构就像搭积木一样，先把最重要的结论放在最上面，再用一层层理由和例子稳稳托住它，让人一眼就能抓住核心，越往下读越明白背后的逻辑。比如你想说服老板“公司应该开发一款健身App”，用金字塔结构可以这样组织内容：

塔尖（结论）：“我们需要开发一款针对上班族的健身 App，抢占市场空白。”（一句话点明核心，让人瞬间知道你要说什么。）

中层（理由）：

理由 1：上班族久坐问题严重，超 70% 的人有健身需求但时间碎片化。

理由 2：竞品大多功能复杂，而“10 分钟高效训练”模式尚未被满足。（用 2 ～ 3 个关键理由支撑结论，像柱子一样撑起塔尖。）

底层（证据）：

数据：引用《×× 报告》中“60% 用户愿意为短时课程付费”。

案例：对比 Keep 和 FitnessAI 的用户差评，说明简化操作是痛点。（用调研数据、用户反馈等细节夯实基础，让人信服。）

（2）并列式 / 清单式结构

这种写作结构很简单，就是围绕一个主题，找出几个同样重要的观点或者事例。这些观点、事例相互独立，像几根柱子并排着，从不同方面一起支撑主题。在文章里，会用段落、连接词或序号，把它们依次排好，搭起文章的主要框架。

并列式 / 清单式结构的特点如下。

- 简单易上手：对写作新手特别友好。新手不用绞尽脑汁想复杂逻辑，只要紧扣主题，挨个找出相关观点、事例，再分别讲清楚就行。比如写“如何保持好心情”，新手能很快想到“多运动”“听喜欢的音乐”“和朋友聊天”这些平行观点，直接展开写。
- 观点独立且平衡：每个观点、事例不能有内容交叉。而且，阐述的时候，给的篇幅和关注要差不多。比如写“宠物的好处”，列举“陪伴自己”“让人有责任感”“增添生活乐趣”，讲每个好处的字数、详细程度要相近，让文章看着平衡。

（3）STAR 结构

- Situation（情景）：就是事情发生时的背景。比如，公司要开拓新市场，当时那个市场竞争特别激烈，这就是情景。

- **Task（任务）**：在这个背景下，要完成的任务目标。像上面例子里，任务可能就是在半年内让产品在新市场有 10% 的占有率。
- **Action（行动）**：为了完成任务，你具体做了什么。比如，你去做市场调研，分析对手产品，然后调整自家产品功能，还策划了推广活动，这些都是行动。
- **Result（结果）**：做完这些事最终得到的成果。比如，产品在新市场占有率达到了 12%，销售额增长了多少，这就是结果。

（4）三幕式故事叙述结构

1）开端。

- **背景介绍**：说明故事发生的时间、地点、环境等。如《哈利·波特》开头描述哈利在德思礼家的压抑日常生活。
- **人物设定**：介绍主要人物特点。像《简·爱》开篇展现简·爱自尊倔强的性格。
- **冲突引入**：引发矛盾。《泰坦尼克号》中杰克与贵族露丝因阶层差异产生冲突。

2）发展。

- **矛盾升级**：冲突加剧。《骆驼祥子》里，祥子买车被抢、被迫结婚等使他与社会的矛盾不断加深。
- **行动与阻碍**：主人公行动时遇到困难。《当幸福来敲门》中，克里斯实习面临无收入、竞争大等难题。

3）结局。

- **高潮**：矛盾集中爆发。《复仇者联盟 4》里复仇者与灭霸的最终大战。
- **解决冲突**：矛盾得到处理。《西游记》中师徒四人取得真经。
- **主题升华**：深化主题。《阿甘正传》结尾阿甘送儿子上学，升华对人生的思考。

（5）SCQA 结构

- **情境（Situation）**：描述事情发生的背景或现状，通常是一些受众熟悉、认同的客观事实，为后续内容搭建基础。例如，在商业报告中，给出“过去五年，我国智能手机市场持续增长，消费者对手机性能和拍照功能的要求不断提高。”这样的描述。

- 冲突（Complication）：指出在当前情境下出现的矛盾、问题或挑战，打破受众对现状的认知平衡，引发他们的关注和兴趣，例如，“然而，近期市场竞争愈发激烈，众多品牌纷纷推出高性价比产品，导致我司市场份额受到冲击。”
- 疑问（Question）：基于冲突自然引出需要解决的问题，明确沟通的核心方向，例如，“如何在激烈的市场竞争中提升我司产品竞争力，夺回市场份额？”
- 回答（Answer）：针对问题提出具体的解决方案、观点或结论，这是整个结构的核心，例如，“我们应加大研发投入，推出具有创新性拍照技术的新产品，同时优化营销策略，精准定位目标客户群体。”

（6）PREP 结构

PREP 框架是一种高效的表达逻辑，能帮助我们更清晰、有条理地阐述观点。它由 4 个部分组成。

- P（Point）：即观点，也就是你想要表达的核心内容。
- R（Reason）：原因，用于解释为什么会有这样的观点，提供支持观点的依据。
- E（Example）：例子，通过具体事例来进一步说明观点，让表达更具说服力。
- P（Point）：再次强调观点，加深对方印象。

比如，我们用 PREP 框架来表达“运动对健康很重要”这个观点。

- **观点**：运动对健康非常重要。
- **原因**：运动可以增强心肺功能，提高身体免疫力，还能帮助我们保持良好的身材和精神状态。

- 例子：像我的朋友小李，以前体弱多病，还经常感到疲惫。后来他坚持每天跑步和健身，现在不仅很少生病，整个人也充满活力，工作效率都提高了。
- 观点：所以说，运动对健康的重要性不言而喻，大家都应该养成定期运动的好习惯。

2. DeepSeek 辅助结构搭建

我们在前面已全面剖析了常见文章结构。若已确定文章适用的结构类型，便可运用 DeepSeek，助力生成适配的文章结构。倘若不确定文章该用何种结构，也可让 DeepSeek 直接规划并构建文章结构。

下面将针对已明确文章适用的结构类型和尚未确定文章适用结构类型分别阐释如何运用 DeepSeek 搭建文章结构。

若文章适用的结构类型已明晰，可采用如下提示词框架。

提示词框架：

我是一个【方向】的写作者，目标受众是【受众】，我要写一个主题是【主题】的文章。帮我列一个【文章结构】格式的大纲。

案例：

我是一个【AI 方向】的写作者，目标受众是【想学习 AI 的初级学习者】，我要写一个主题是【AI 会改变我们未来的行为模式】的文章。帮我列一个【金字塔】格式的大纲。

DeepSeek 的输出：

以下是按照金字塔结构设计的文章大纲，适合初级学习者理解层次。

一级标题（核心论点）：

AI 将重塑人类未来的行为模式

二级标题（核心论据）：

1. AI 对个人行为的直接影响

三级论据：

（1）日常决策依赖算法（如导航、购物推荐）

（2）时间管理智能化（AI 日程助手、效率工具）

（3）个性化学习模式（自适应教育平台）

2. AI 重构社会协作方式

三级论据：

（1）远程办公与虚拟协作（AI 会议助手、跨语言沟通工具）

（2）共享经济智能化（无人配送、自动驾驶出租车）

（3）公共服务的自动化（AI 政务、智能城市管理）

3. AI 催生新型伦理与习惯

三级论据：

（1）数据隐私意识提升（用户对信息授权更敏感）

（2）人机交互礼仪形成（如与语音助手对话的规范）

（3）对技术依赖的反思（数字戒断、离线活动兴起）

二级标题（底层逻辑）：

技术驱动行为变革的三大原理

1. 效率优先原则

案例：AI 优化路径选择（外卖骑手路线规划）

2. 个性化适配机制

案例：Netflix 推荐系统改变观影习惯

3. 无感渗透效应

案例：智能家居自动调节环境参数

一级标题（结论与行动呼吁）：

适应 AI 时代的行动指南

（1）保持批判性思维（警惕算法茧房）

（2）主动学习 AI 工具（如基础编程、Prompt 技巧）

（3）建立人机协作心智（区分 AI 擅长与人类独有的能力）

———

金字塔结构解析：

1. 顶层：明确核心观点（AI 改变行为模式）

2. 中层：从个人→社会→伦理层层递进

3. 底层：用技术原理支撑行为学解释

4. 行动层：为学习者提供具体应对策略

此结构符合初级学习者的认知规律：先建立整体认知框架，再通过生活案例理解抽象概念，最后落脚到可操作的行动建议。

若文章适用的结构类型未明晰，可采用如下提示词框架。

我是一个【方向】的写作者，目标受众是【受众】，我要写一个主题是【主题】的文章。帮我列一个大纲。

案例：

我是一个【AI 方向】的写作者，目标受众是【想学习 AI 的初级学习者】，我要写一个主题是【AI 会改变我们未来的行为模式】的文章。帮我列一个大纲。

DeepSeek 的输出：

以下是为您设计的文章大纲，结构清晰且适合初级学习者理解：

———

AI 如何重塑我们的未来行为模式

一、引言：AI 时代已经到来

1. 用日常场景引发共鸣（如手机语音助手、短视频推荐算法）

2. 提出核心观点：AI 不仅是工具，更是行为模式的塑造者

3. 预告文章脉络：从现状到未来演变的全景解析

二、AI 正在改写的行为密码（当下篇）

1. 交互革命：从单击到对话

（1）语音助手改变搜索方式（如问天气不用打字）

（2）手势识别在 AR/VR 中的应用实例

2. 决策依赖：算法成为隐形参谋

（1）外卖平台推荐系统如何影响饮食选择

（2）网约车动态定价改变出行决策

3. 注意力重构：智能推送的蝴蝶效应

（1）短视频平台如何重塑时间分配

（2）个性化推荐导致的“信息茧房”现象

三、未来行为模式演变预测（前瞻篇）

1. 生活场景的重构

（1）智能家居预判行为（如根据生物钟自动调节灯光）

（2）穿戴设备引导健康管理（睡眠 / 运动建议）

2. 工作模式的颠覆

（1）AI 协作下的新型办公形态（会议纪要自动生成）

（2）人机协同创造力的爆发案例（如 AI 辅助设计）

3. 社交关系的进化

（1）虚拟数字人如何影响社交焦虑人群

（2）元宇宙中的新型社交礼仪形成

4. 消费行为的质变

（1）预测性购物（AI 预判需求自动补货）

（2）虚实融合的沉浸式消费体验

四、AI 时代的生存法则

1. 必备的核心能力

（1）人机协作思维培养

（2）数据素养提升路径

2. 应对伦理挑战

（1）算法偏见识别技巧

（2）数字身份管理策略

3. 教育体系革新

（1）AI 时代的学习方法转型

（2）终身学习机制的建立

五、结语：与 AI 共舞的智慧

1. 强调人类主体性：“AI 决定 how，人类决定 why”

2. 展望人机共生的美好图景

3. 鼓励读者拥抱变化的行动号召

文章特色建议：

1. 每章插入“行为实验室”小贴士（如：尝试记录一周被 AI 影响的决策）

2. 使用生活化类比（将神经网络比作大脑的“脚手架”）

3. 增加可视化元素锚点（提示后期可配时间轴对比图）

这个框架既保证了专业深度，又通过具体场景案例降低理解门槛，符合初级学习者的认知需求。需要具体案例扩展或调整请随时告知。

在上述案例中，DeepSeek 围绕给定主题生成了文章的结构大纲。用户每次使用时，仅需对提示词框架中的主题、受众及方向进行修改，DeepSeek 便可针对主题生成文章大纲结构。

3.1.4 内容生成

有了选题和框架，AI 就可以开始大展身手写内容了。它会按照之前定好的方向，把一段段文字生成出来，就好像提前帮我们做好了大部分填空题。比如要写一篇介绍旅游景点的文章，它能给出景点的地理位置、特色景观、游玩项目等基础描述，我们只需要在一些关键地方进行补充，像加入自己的游玩感受、补充一点当地小众的美食推荐，再修改润色下用词，一篇完整又生动的文章就出炉了，轻松又高效。

1. 写标题

（1）标题的 3 个关键层面

在信息洪流之中，标题的重要性体现在多个关键层面。

1）从读者角度来看，标题是阅读选择的引导者。如今，人们每天被海量信息包围，注意力十分分散。一个精准、有吸引力的标题，能帮助读者快速筛选出符合自身需求和兴趣的内容。比如，一位健身爱好者在浏览网页时，“高效健身计划，30 天打造完美身材”这样的标题，就能立刻吸引他的目光，让他在众多信息中选择阅读这篇文章。

2）从创作者角度而言，标题是作品的代言人。它代表着创作者的核心观点与表达意图，是内容的精华浓缩。创作者精心打磨标题，能更准确地向读者传达自己想要表达的内容，使作品价值得到更好体现。就像一篇探讨人工智能发展趋势的学术论文，一个恰当的标题能清晰地展现研究方向与核心内容，方便同行快速了解研究价值。

3）从传播角度出发，标题是信息的传播引擎。好的标题能大幅提升内容的传播范围与速度。社交媒体上，那些传播广泛的内容，往往都有一个极具感染力的标题。例如一些引发全网讨论的热点话题文章，标题常常能精准抓住大众的关注点，促使读者自发分享，进而形成广泛传播。

综上所述，标题在信息传播的各个环节都扮演着举足轻重的角色，是影响内容价值实现的关键因素。

（2）好标题的 4 个特点

一个好的标题通常具有以下特点。

1）吸引眼球。这可从以下方向入手。

- 制造悬念：通过设置疑问、使用省略号等方式，引发读者的好奇心，让他们想要进一步了解内容。比如《人类真的是由猿进化而来的？最新研究可能会颠覆你的认知》，用一个疑问句制造出悬念，吸引读者去探究究竟是什么最新研究。

- **运用数字：**数字能给人直观、具体的感觉，在标题中使用数字可以快速抓住读者的注意力。像“10 个提高效率的小技巧，让你的工作事半功倍”，明确告诉读者文章中有实用的 10 个技巧。
- **使用热门词汇或流行文化元素：**结合当下热点、流行趋势或大众熟知的文化元素，使标题更具吸引力和亲近感。如“《狂飙》背后的法律知识，你知道多少？”，借助热门电视剧来吸引观众。

2）**准确清晰。**这可从以下方向入手。

- **点明主题：**让读者看一眼就能知道文章大致内容是什么，避免产生误解或歧义。例如“如何选择适合自己的运动方式”，直接表明文章是围绕运动方式的选择展开的。
- **涵盖关键信息：**将文章中最重要、最核心的信息体现在标题中。比如“2024 年全球经济趋势预测与分析”“2024 年”“全球经济趋势”“预测与分析”都是关键信息，让读者对文章内容有一个初步的框架认知。

3）**简洁明了。**这可从以下方向入手。

- **字数适中：**一般来说，标题不宜过长，以简洁的语言表达核心内容为佳。通常控制在 20 字内，在有限的空间内快速传递关键信息，让读者在短时间内理解标题含义。例如“5G 技术对生活的影响”，简洁地概括了文章的主题。
- **避免复杂句式：**采用简单直接的句式结构，方便读者快速理解。像“学会这三招，轻松搞定人际关系”，没有复杂的语法结构，通俗易懂。

4）**引发共鸣。**这可从以下方向入手。

- **关注读者需求：**从读者的角度出发，针对他们关心的问题、痛点或兴趣点来拟写标题。比如“职场新人如何应对工作压力”，很容易引起职场新人的共鸣，让他们觉得这篇文章与自己息息相关。

- **激发情感**：运用情感词汇或表达情感的语句，触动读者的内心，唤起他们的情感反应。如“母爱，是世间最伟大的力量”，能引发读者对母爱的认同和感动，从而想要阅读文章。

（3）使用 DeepSeek 辅助写标题的 4 个步骤

使用 DeepSeek 辅助写标题一般是以下步骤。

1）**仔细梳理文章内容，提取文章主题。**

2）**向 DeepSeek 提问**：列出文章主题以及生成标题的相关要求。

3）**获取生成标题**：获取 DeepSeek 生成的多个标题。

4）**筛选与优化标题**，具体做法如下。

- **综合评估**：从吸引力层面，判断标题能否迅速吸引读者目光；从简洁性出发，审视标题是否简洁凝练，无冗余表述；从内容契合度方向考量，确认标题与文章核心内容紧密关联，不偏离主旨。
- **针对受众优化**：深入分析目标受众年龄、职业、兴趣等特性，据此优化标题语言风格，选择合适的切入点。比如面向年轻群体，可采用潮流词汇；针对职场人士，融入行业相关表述，增强标题对目标受众的吸引力。

提示词框架：

请你帮我优化标题，要求：【要求】(可选)。我的标题是：【标题】

案例：

请你帮我优化标题，要求：【制造悬念，引发共鸣】。我的标题是：【奶粉冲泡全攻略：水温、比例、储存避坑指南】。

DeepSeek 的输出：

以下是 5 条优化后的标题方案，在制造悬念和引发共鸣方面做了强化处理。

1.《冲错毁所有！90% 家长不知道的奶粉冲泡 3 大禁忌》

（数据化悬念 + 痛点共鸣）

2.《当心！这 3 个冲泡动作正在偷走宝宝营养》

（危机感悬念 + 育儿场景共鸣）

3.《奶粉罐没告诉你的秘密：冲泡时最致命的 3 个温柔陷阱》

（反常识悬念 + 情感共鸣）

4.《新手父母必看：你冲泡奶粉的姿势，可能正在伤害宝宝》

（身份认同 + 悬念式共鸣）

5.《这 3 个数字记不住，冲再贵的奶粉都白费！》

（利益悬念 + 实用价值共鸣）

优化逻辑：

1. 数字具象化：用“90%”“3 大”等数据强化可信度。

2. 制造危机感：通过“毁所有”“偷走营养”等词汇触发保护本能。

3. 身份代入：使用“新手父母”“家长”精准定位受众。

4. 利益驱动：强调错误行为导致的营养浪费后果。

5. 反常识悬念：揭示“温柔陷阱”“罐没说的秘密”引发好奇。

建议优先选择第 2 和第 5 条，既保持专业度又充满悬念张力，实测这类含具体数字和直接后果的标题在母婴群体中点击率最高。

在上述案例里，DeepSeek 基于原标题生成了新标题。用户使用时，只需修改提示词框架内的主标题与要求，DeepSeek 即可依据原有标题生成全新标题。

2. 写开头

文章开头一般有以下几个重要作用。

（1）引起读者兴趣

开头就像一个“钩子”，好的开头能一下子抓住读者的注意力，让他们产生好奇心，想要继续读下去。比如在一篇介绍神秘海底世界的文章里，开头写“在深深的海底，有一个充满奇幻色彩的世界，那里藏着会发光的鱼、像树一样的珊瑚，还有无数不为人知的秘密”，这样的开头会让读者迫不及待地想知道海底到底还有哪些奇妙的东西。

（2）引出文章主题

开头要告诉读者这篇文章主要讲什么，就像给读者一个“导航”，让他们清楚接下来的内容方向。比如写一篇关于如何学习英语的文章，开头可以说“英语作为一门全球通用语言，对我们的生活和未来发展都非常重要。那么，怎样才能学好英语呢？”这样就很明确地把“学习英语的方法”这个主题引出来了。

（3）奠定文章基调

开头还能决定文章的整体氛围和情感基调。如果是一篇悲伤的故事，开头可能会写“那是一个阴沉沉的雨天，乌云压得很低，仿佛要把整个世界都吞噬掉”，一下子就营造出了一种压抑、悲伤的氛围；如果是一篇欢快的游记，开头写“阳光明媚的周末，我们怀着无比兴奋的心情踏上了前往郊外的旅程”，就给人一种轻松、愉快的感觉。

（4）为后文做铺垫

开头可以为后面的内容埋下一些“伏笔”，让文章的发展更加自然流畅。比如在写一个侦探故事时，开头提到“在那个看似平凡的小镇上，最近发生了一些奇怪的事情”，这就为后面侦探调查案件、揭开真相做了铺垫，让读者在阅读过程中不断发现之前埋下的线索，增加阅读的趣味性和连贯性。

（5）建立与读者的联系

开头可以通过一些方式让读者觉得文章与自己有关，从而更容易引发共鸣。比如在一篇关于健康饮食的文章中，开头说“我们每个人都希望自己和家人能健健康康的，而健康的饮食是关键”，这样就把文章和读者的生活、需求联系起来了，让读者觉得这篇文章对自己有价值，更愿意读下去。

接下来，将详细阐述运用 DeepSeek 撰写开头的方法。以下为未构建文章大纲的提示词框架和案例。

提示词框架：

请你帮我写一个开头，要求：【要求】(可选)。我的主题是：【主题】。

案例：

请你帮我写一个开头，要求：引起读者兴趣，为后文做铺垫。我的主题是：【AI会改变我们未来的行为模式】。

DeepSeek的输出：

以下是一个符合要求的开头段落，融合了场景化描写和悬念设置。

【开头段落】

晨光穿透窗帘的瞬间，你的智能枕垫已提前15分钟调整了卧室温度。咖啡机在你翻身时开始研磨阿拉比卡豆，穿戴设备正用脑波数据推演今日最佳通勤路线——这串发生在眼皮底下的“贴心服务”，恰如温水煮青蛙般重塑着人类行为的底层逻辑。神经科学家最新扫描图谱显示，当代人决策神经元的激活速度较十年前衰减了37%，而那个悄然接管我们选择权的“隐形操盘手”，正透过千万行代码编织出全新的行为范式。当AI开始预设我们的起床时间、约会对象甚至道德判断标准，这场静默的行为革命早已突破科幻片的想象边界。

【设计解析】

1. 场景代入：用清晨智能家居场景切入，让读者在生活化情境中感知AI的渗透性。

2. 数据震撼：引入神经科学实证数据，将抽象概念转化为可量化的认知冲击。

3. 隐喻体系：“温水煮青蛙”“隐形操盘手”等隐喻制造认知紧张感。

4. 悬念递进：从具体行为干预延伸到道德判断层面，暗示后文将探讨更深层影响。

5. 动态动词：“重塑”“接管”“编织”等动词强化AI的主动性，铺垫行为模式被重构的论点。

需要补充具体行业案例或深化某个维度时，可以随时沟通调整。这个开头为后续讨论算法驯化、认知外包、数字巴甫洛夫反射等现象预留了充分的展开空间。

已构建文章大纲的提示词框架：

请你帮我写一个开头，要求：【要求】。我的大纲是【大纲】。

案例：

请你帮我写一个开头，要求：【引起读者兴趣，为后文做铺垫】。我的大纲是【

一级标题（核心论点）：

AI将重塑人类未来的行为模式

———

二级标题（核心论据）：

1. AI对个人行为的直接影响

三级论据：

（1）日常决策依赖算法（如导航、购物推荐）

（2）时间管理智能化（AI日程助手、效率工具）

（3）个性化学习模式（自适应教育平台）

2. AI重构社会协作方式

三级论据：

（1）远程办公与虚拟协作（AI会议助手、跨语言沟通工具）

（2）共享经济智能化（无人配送、自动驾驶出租车）

（3）公共服务的自动化（AI政务、智能城市管理）

3. AI催生新型伦理与习惯

三级论据：

（1）数据隐私意识提升（用户对信息授权更敏感）

（2）人机交互礼仪形成（如与语音助手对话的规范）

（3）对技术依赖的反思（数字戒断、离线活动兴起）

二级标题（底层逻辑）：

技术驱动行为变革的三大原理

1. 效率优先原则

案例：AI优化路径选择（外卖骑手路线规划）

2. 个性化适配机制

案例：Netflix推荐系统改变观影习惯

3. 无感渗透效应

案例：智能家居自动调节环境参数

———

一级标题（结论与行动呼吁）：

适应AI时代的行动指南

（1）保持批判性思维（警惕算法茧房）

（2）主动学习AI工具（如基础编程、Prompt技巧）

（3）建立人机协作心智（区分AI擅长与人类独有的能力）

———

金字塔结构解析：

1. 顶层：明确核心观点（AI改变行为模式）。

2. 中层：从个人→社会→伦理层层递进。

3. 底层：用技术原理支撑行为学解释。

4. 行动层：为学习者提供具体应对策略。】

DeepSeek的输出：

开头段落：

清晨七点，当你的智能手环在浅睡眠阶段轻柔震动，床头灯根据室内光线自动调节亮度，咖啡机开始研磨昨夜刚配送的云南小粒咖啡——这个看似平常的早晨，实则隐藏着23次算法决策。从通勤路线优化到新闻推送排序，从会议时间协调到健身计划调整，人类行为正在经历一场静默革命。当AlphaGo战胜李世石时，我们惊叹于机器的智慧；当ChatGPT通过图灵测试时，我们警惕于语言的陷落；但真正颠覆性的变革，正悄然发生在我们抬手看表的下意识动作里，在购物车自动补货的惯性选择中，在对着空气说“调暗灯光”的自然而然里。这场由硅基智能发起的行为模式重构，正在重新定义何以为人。

在上述案例中，DccpSeck 能够为用户生成文章开头。用户在运用时，仅需对提示词框架内的要求、大纲、主题等内容加以修改，DeepSeek 便会据此生成相应开头。

3. 写结尾

文章结尾通常有以下几个重要作用。

（1）概括内容

对文章的主要内容进行概括总结，使读者再次清晰地了解文章的核心要点。例如，一篇介绍各种动物生活习性的文章，结尾可能会总结说“通过对以上几种动物生活习性的介绍，我们可以看到大自然中动物们为了生存和繁衍，各自有着独特的适应方式”，让读者对全文内容有一个整体的回顾。

（2）强化主题

强调文章的主题思想，让主题更加深入人心。例如，在一篇论述环保重要性的文章结尾，可能会写“总之，环境保护是我们每个人义不容辞的责任，它关系到人类的未来和地球的命运”，进一步强化环保这一主题。

（3）引发思考

通过结尾提出问题或留下悬念，引发读者的深入思考。像在一篇探讨人工智能对人类社会影响的文章结尾，可以写“人工智能的发展日新月异，它在给我们带来便利的同时，也带来了诸多挑战。那么，人类该如何在这个人工智能时代更好地把握自己的未来呢？”引导读者去思考人工智能与人类未来的关系等问题。

（4）升华情感

将文章的情感或意义提升到一个更高的层次。例如，一篇描写故乡的文章结尾可以这样写：“故乡，不仅仅是一个地理概念，更是我心中永远的精神家园，它承载着我的过去、现在和未来，无论我走到哪里，故乡的山水、人情都将永远伴随我，成为我生命中最珍贵的财富”，将对故乡的思念之情升华到了精神层面。

（5）呼应开头

与文章开头相呼应，使文章结构更加严谨。例如，开头写“我一直梦想着能去看看大海，感受它的浩瀚与深邃”，结尾可以是“这次终于见到了大海，它的浩瀚与深邃深深地印在了我的心里，我的梦想实现了”，通过呼应开头，使文章的结构更完整，主题更突出。

（6）提出展望

对未来的发展或可能的情况进行展望，给读者带来希望或启发。例如，一篇关于科技创新的文章结尾可以这样写“随着科技的不断进步，我们有理由相信，未来会有更多的创新成果改变我们的生活，让我们的世界变得更加美好”，让读者对科技创新的未来充满期待。

（7）推荐行动

呼吁读者采取某种行动或做出改变。例如，一篇倡导健康生活方式的文章结尾可以这样写“让我们从现在开始，每天坚持运动，合理饮食，养成健康的生活习惯，为自己的健康和未来负责”，鼓励读者将文章中的理念转化为实际行动。

接下来，详细阐述运用 DeepSeek 撰写结尾的方法。以下为提示词框架和案例。

提示词框架：

请你帮我写一个文章结尾，要求：【要求】，我的主题是【主题】，我前面的内容是【上文内容】。

案例：

请你帮我写一个文章结尾，要求：强化主题，引发思考，推荐行动。我的主题是【高效时间管理：5 个让生活更从容的诀窍】，我前面的内容是【

1. 番茄工作法（25 分钟专注 +5 分钟休息）

把手机定时器当成专注开关：设定 25 分钟全身心投入单一任务（如写

PPT/核对数据)，其间不查消息、不接电话。铃声一响立刻停手，用5分钟彻底放松（闭眼听歌/做简易拉伸）。每完成4个“番茄”，奖励自己30分钟自由时间。这个循环就像给大脑装上了呼吸阀，你会发现原本枯燥的整理文档任务，竟能提前1小时收工。

2. 每日列出3个核心任务

早晨用红笔在笔记本顶端写：“今日生死线任务：①______ ②______ ③______”。这三个空位只留给直接影响工作进度或生活质量的事，比如“敲定合作合同”“给孩子准备生日礼物”“跑步5公里”。完成一项就用荧光笔狠狠划掉，当笔记本上的横线变成三道闪耀的金色标记，这种掌控感会让你爱上做计划。

3. 使用时间块规划表

打印一张分为48格（每半小时一格）的空白表格，像画家填色块那样规划次日：

蓝色块代表雷打不动的固定日程（如9:00—10:30部门例会），绿色块标注自主安排的重点任务（如14:00—16:00撰写项目方案），黄色块预留灵活机动的缓冲时间（如16:30—17:00回复邮件）。睡前花5分钟预览这张“时间藏宝图”，第二天就不再会手忙脚乱找车钥匙时，突然想起还有个报告没写。

4. 设置手机勿扰模式

在专注时段启动“手机结界”：安卓用户开启“工作模式”自动屏蔽抖音、微博，苹果用户设置“全天勿扰”仅允许家人来电，电脑端微信可调整为“仅收文件不弹窗”。刚开始会忍不住摸手机，但坚持三天后，你会发现自己处理Excel表格的速度比刷短视频还流畅。

5. 完成奖励自己小星星

准备星星贴纸和愿望清单：每完成1项核心任务贴银色星星，连续3天达成目标贴金色星星，集齐10颗星兑换一顿火锅或一本新书。别觉得像哄小孩，当你看着日历上连成串的星星，那种“我的人生正在前进”的实感，比任何鸡汤都管用。】

DeepSeek 的输出：

结尾段落：

当电子钟的数字在深夜跳动时，我们常被“时间不够用”的焦虑扼住咽喉。但本文揭示的五个诀窍如同五把钥匙，解锁的不仅是效率提升的密码，更是一套让生命恢复弹性的操作系统——番茄钟的呼吸韵律教会大脑专注的禅意，核心任务清单划破事务的混沌迷雾，彩色时间块在机械日程里搭建起秩序花园，数字结界守护着现代人稀缺的心流空间，而那颗小小的星星贴纸，正为每个平凡的坚持赋予骑士勋章般的荣耀。

真正的从容从不是与时间赛跑，而是学会让时间成为忠实的盟友。当你在划掉今日第三项核心任务时，可曾意识到指尖划过的不仅是待办事项，更是对生活主权的郑重宣言？那些被妥善安置的 48 个时间方格，何尝不是我们写给未来的情书？

明天清晨，当第一缕阳光爬上你的笔记本时，不妨先用红笔圈住属于你的三个“生命刻度”。从给手机设置一个 25 分钟的专注结界开始，让每个番茄钟的铃声都成为向散漫告别的集结号。当第一颗银色星星在日历上亮起时，你会明白：所谓高效人生，不过是无数个被温柔驯服的当下，在时空长河里连成的璀璨星轨。现在，是时候让这些闪烁的时间密码，开启你从容人生的下一章了。

在上述案例中，DeepSeek 能够为用户生成文章结尾。用户在运用时，仅需对提示词框架内的要求、主题、上文内容等内容加以修改，DeepSeek 便会据此生成相应开结尾。

4. 写初稿

在创作流程中，撰写初稿往往是令创作者们绞尽脑汁的环节。如今，AI 技术已成为众多创作者撰写初稿的得力助手。AI 凭借强大的算法，依托海量的数据资源，能够快速搭建文本框架，为创作者梳理出清晰的思路脉络，不仅可显著提升写作效率，也可为创作领域开拓全新的发展空间，重塑创作格局。

接下来将详细阐述运用 DeepSeek 撰写初稿的方法。以下为提示词框架和案例。

提示词框架：

我的受众是【受众】，我的大纲是：【大纲】，请根据大纲，帮我写一篇初稿。

要求：【要求】。

案例：

1）我的受众是【想学习时间管理的朋友】。

2）我的大纲是：【时间管理方法，①番茄工作法（25 分钟专注+5 分钟休息）；②每日列出 3 个核心任务；③使用时间块规划表；④设置手机勿扰模式；⑤完成奖励自己小星星】。请根据大纲，帮我写一篇初稿。

3）要求：【通俗易懂，结构清晰】。

DeepSeek 的输出：

告别手忙脚乱！5 个小白也能上手的时间管理法

你是不是经常遇到这种情况？

（1）早上列了 10 项待办事务，结果一天结束，重要的工作没推进，反而在回消息、找文件、应付临时会议中耗尽精力。

（2）今天分享 5 个零门槛的时间管理技巧，不用复杂的工具，不靠强大的意志力，每天多出 2 小时高效时间！

方法一：番茄钟工作法——把时间切成“水果块”

核心操作：定 25 分钟闹钟专注工作，响铃后必须休息 5 分钟（刷手机不算！建议喝水、拉伸）。

为什么有效：大脑集中注意力的极限约 25 分钟，短时冲刺+及时充电，效率比连续 3 小时摸鱼式工作高 3 倍！

新手技巧：

（1）循环4次后延长休息至15～20分钟。

（2）推荐使用Forest或手机自带计时器，避免用社交软件计时。

———

方法二：每天只吃“三只青蛙”——少即是多

核心操作：睡前用便签纸写下“明天必须完成的3件事”（例：改方案PPT、给客户报价、健身30分钟）。

为什么有效：研究表明，普通人每天高效工作时间仅3小时，聚焦关键任务避免“瞎忙陷阱”。

避坑指南：

（1）任务要具体（✗“写报告”→✓“完成报告前两章”）。

（2）完成前不看其他清单，成就感会推着你前进。

———

方法三：时间块拼图——给每件事找个“家”

核心操作：把一天分成4～6个“时间块”，给每块贴标签。

（1）9:00—11:30，深度创作。关消息，写方案。

（2）14:00—15:30，沟通时间。集中回消息&开会。

（3）20:00—21:00，充电时间。上网课、阅读。

关键提醒：重要任务放在精力最好的时间段（多数人上午效率更高）。

———

方法四：给手机戴“口罩”——物理隔离干扰源

实测有效的3个方法：

（1）工作前开飞行模式。

（2）把手机锁在抽屉（钥匙交给家人）。

（3）用“番茄ToDo”App强制锁机。

数据说话：加州大学实验显示，回一条微信平均需要23分钟重新专注。

———

方法五：集星星游戏——给大脑发糖

操作模板：

（1）完成1个番茄钟 ➔ 画√。

（2）做完三只青蛙 ➔ 贴星星贴纸。

（3）坚持3天 ➔ 奖励奶茶券。

原理：多巴胺奖励机制让人上瘾，把自律变成闯关游戏。

最后送你两句话：

（1）不要等完美计划，先用番茄钟完成1件小事。

（2）今晚睡前试试写下“明日三只青蛙”，明早你会感谢自己。

明早8点，你的第一个25分钟准备献给什么任务呢？

在上述案例中，DeepSeek能够为用户生成文章初稿。用户在运用时，仅需对提示词框架内的受众、大纲、要求等内容加以修改，DeepSeek便会据此生成初稿。

3.2 文章优化：文案润色、SEO技巧

本节将为大家介绍基于DeepSeek进行文章优化的方法，即进行文案润色和SEO的技巧。

3.2.1 文案润色

1. 进行文案润色的4个原因

文章润色是写作过程中不可或缺的环节，这主要有以下4个方面的原因。

（1）优化表达清晰度

初稿常常存在语句不通顺、逻辑不连贯的问题，这会严重影响读者对内容的理解。例如“他去了商店，买了水果，然后回家，路上看到一只猫，很漂

亮”，这样的表述不仅零散，还让读者难以快速把握关键信息。润色为“他前往商店购买水果，回家途中看到一只漂亮的猫”，内容简洁流畅，读者能迅速理解事件脉络。

（2）增强文章吸引力

平淡无奇的语言难以激发读者的阅读兴趣。比如“今天天气好”，这样直白的描述很难给读者留下深刻印象。而润色成“今日阳光明媚，晴空万里”，运用更具表现力的词汇，可以为文章增添美感和感染力，使读者更愿意沉浸在文章之中。

（3）确保信息精准传达

用词不准确极易引发歧义，导致信息传递偏差。例如“他很生气，说要收拾东西走人”，“收拾”一词表意模糊，可能让读者疑惑是整理物品还是整顿其他事务。若改为“他愤怒不已，声称要整理行李离开”，则明确了具体动作和意图，有效避免误解。

（4）契合受众与场景

不同的受众群体和应用场景对文章风格有着不同的要求。给儿童阅读的文章，需要简单易懂、生动活泼，便于孩子理解和接受；而商务报告则要求严谨正式，体现专业性和规范性。通过润色，可以让目标受众、场景与文章风格完美匹配。

2. 方法与示例

接下来，将详细阐述运用 DeepSeek 润色文案的方法。以下为提示词框架和案例。

提示词框架：

我的文案是【文案】，帮我润色原文案，要求：【要求】。

提示词框架中，“要求”一般可这样写。

- 语法纠错：修正文本中的语法错误，使其符合语言规范，提高文本的准确性和可读性。

- 冗余信息删减：去除文本中重复或不必要的内容，使表达更加简洁明了。
- 补充细节：增加具体、生动的细节，丰富文本内容，增强读者的代入感，降低理解难度。
- 风格统一：调整文本中不一致的语气、词汇和句式，使其整体风格保持一致，提升文本的连贯性。
- 故事性增强：通过添加情节、人物或背景，将文本改写成更具叙事性和吸引力的故事形式。
- 衔接强化：优化段落或句子之间的过渡，使用连接词或逻辑关系，使文本的结构更加流畅。
- 金句提炼：从文本中提取或创作出富有感染力、易于传播的精彩语句，提升文本的亮点和记忆点。
- 情感倾向调节：根据需要调整文本的情感色彩，使其呈现出积极、中立或严肃等不同的风格。
- 文体风格转换：将文本从一种文体（如公文）改写为另一种文体（如故事或诗歌），以适应不同的表达需求。
- 名人风格模仿：模仿特定名人的写作风格，如鲁迅的犀利批判或朱自清的婉约细腻，赋予文本独特的风格特征。
- 修辞手法添加：运用比喻、排比、设问等修辞手法，增强文本的表现力和感染力。
- 跨媒介改写：将文本从一种媒介形式（如图文）转换为另一种媒介形式（如视频脚本或播客大纲），以适应不同传播渠道的需求。

案例：

我的文案是【

方法一：番茄钟工作法——把时间切成“水果块”

（1）核心操作：定 25 分钟闹钟专注工作，响铃后必须休息 5 分钟（刷手机不算！建议喝水、拉伸）。

（2）为什么有效：大脑集中注意力的极限约 25 分钟，短时冲刺 + 及时充电，效率比连续 3 小时摸鱼式工作高 3 倍！

（3）新手技巧：

❑ 循环 4 次后延长休息时间至 15 ～ 20 分钟。

❑ 推荐使用 Forest 或手机自带计时器，避免用社交软件计时。

———

方法二：每天只吃“三只青蛙”——少即是多

（1）核心操作：睡前用便签纸写下“明天必须完成的 3 件事”（例如：改方案 PPT、给客户报价、健身 30 分钟）。

（2）为什么有效：研究表明，普通人每天高效工作时间仅 3 小时，聚焦关键任务避免“瞎忙陷阱”。

（3）避坑指南：

❑ 任务要具体（✕“写报告”→✓“完成报告前两章”）。

❑ 完成前不看其他清单，成就感会推着你前进。】

帮我润色原文案，要求：【运用比喻、排比、设问等修辞手法，增强文本的表现力和感染力】。

DeepSeek 的输出：

时间管理双刃剑：番茄钟 VS 三只青蛙（比喻 + 设问）

方法一：番茄钟工作法——给时间装上节拍器

【核心操作】

把 24 小时切成黄金披萨块（比喻）：

（1）专注模式：25 分钟火力全开（手机种下专注树苗）。

（2）充电模式：5 分钟能量站补给（拉伸 / 远眺 / 深呼吸）。

（3）冲刺模式：4 次循环后开启中场狂欢（15 分钟自由漫步）。

【为什么奏效？】

问：为什么学霸学 1 小时 = 你学 3 小时？（设问）

答：大脑如同智能手机，每 25 分钟就需要插电续航。连续作战就像边充电边玩手机——效率暴跌 80%！

【新手必杀技】

√ 可视化成就：种下 4 棵专注树，解锁“时间庄园主”称号。

√ 声音魔法：白噪声雨声 + 咖啡厅环境音打造沉浸结界。

× 致命陷阱：用社交软件计时 = 在酒吧里背单词。

方法二：三只青蛙法则——吃掉任务池里的牛蛙王子

【核心操作】

睡前三幕剧（排比）：

（1）铺开“魔法羊皮纸”。

（2）斟满明日能量咖啡。

（3）撕下三张“青蛙通缉令”。

（例如：✕“学英语”→✅“背诵雅思核心词库 P1 ～ P10”）

【底层逻辑】

职场人的时间黑洞：

早会（吞噬 30%）+ 临时任务（吞噬 50%）+ 无效沟通（吞噬 20%）= 真正产出仅剩 3 小时（数据可视化）

【闯关秘籍】

（1）青蛙解剖术：用手术刀把“改方案”切成“优化用户画像模块”。

（2）结界防御术：完成前对微信小红点施展“暂时性失明咒”。

（3）成就召唤阵：每消灭 1 只青蛙就投喂自己 1 颗“星光宝石”。

（排比收尾）

当你开始：

把时间切成金条而非碎屑，

把目标雕成钻石而非沙粒，

把专注铸成铠甲而非薄纱，

——这就是掌控人生的魔法觉醒时刻！

在上述案例中，DeepSeek 能够为用户的文章进行润色。用户在运用时，仅需对提示词框架内的文案、要求等内容加以修改，DeepSeek 便会据此进行文案润色。

3.2.2 SEO 优化

SEO（Search Engine Optimization，搜索引擎优化）是一套系统化的策略，通过优化网站使其内容更符合搜索引擎的规则，从而在自然搜索结果中排名靠前，获取免费流量。

更通俗地说，SEO 就是“让你的内容被更多人免费找到”的手艺。举个接地气的例子：你想开个卖手工饺子的网店，但没人知道你的店在哪。不做 SEO 的话，店藏在胡同最深处，只有熟人能找到。做好 SEO 的话，把店招牌改成“北京最好吃的手工鲜肉饺”（关键词），门口修条平整小路让导航地图能定位（技术优化），再找美食博主发朋友圈夸你（外链推荐）——结果大家一搜“北京手工饺子”，就能让你的店排在推荐榜前三。

1. SEO 优化策略

1）通用内容优化策略如下。

- **长尾关键词优先**：针对细分场景挖掘长尾词（如“微信 SEO 优化技巧”），降低竞争度且精准触达用户。
- **语义关联扩展**：通过工具分析用户搜索意图，融入同义词、问题型关键词（如“如何提升知乎回答排名”）。
- **自然分布原则**：标题、首段、小标题、结尾合理嵌入关键词，密度控制在 2% ~ 3%，避免堆砌。

2）提高内容质量与优化结构的方法如下。

- **原创性与深度**：提供独家数据、案例分析或行业洞察（如“微信搜索算法更新趋势解读”）。
- **结构化呈现**：使用小标题（H2/H3）、分点列表、加粗重点，提升可读性和搜索引擎抓取效率。

- **更新与维护**：定期修订旧内容，补充时效性信息（如微信、知乎最新规则）。

3）跨平台联动，搭建内容矩阵。比如，将微信长文拆解为知乎问答或专栏，将知乎高赞回答整合为微信专题。

4）外部导流设计。比如，在知乎回答中嵌入公众号二维码（需符合平台规范），在微信推文中添加知乎回答链接。

2. 微信公众号 SEO 优化

微信 SEO，即微信搜索引擎优化，是指通过优化文章的各个方面，使其在微信的搜索结果中获得更高的排名。

为什么要做微信 SEO？

- **增加曝光**：微信拥有庞大的用户群体，通过 SEO 可以让更多的人看到你的文章。
- **精准获客**：搜索特定关键词的用户往往对你的文章内容感兴趣，更容易转化为忠实读者。

怎么做微信 SEO？

1）关键词研究：

- 在微信搜一搜中搜索关键词，查看下拉框，选择有搜索量的关键词。如果关键词没在下拉框中，可能表示这个词没有搜索量。
- 看看排名靠前的文章使用了哪些关键词和策略，从中获取灵感。

2）公众号名称优化：

- 公众号名称一般要带上领域关键词，比如“×× 美食”“×× 话 AI”。
- 一些风口项目或者细分领域，尽快注册公众号，就有先机优势。

3）公众号简介优化：公众号简介也是影响搜索的重要部分。带上专业领域的关键词更容易被用户搜索到。

4）公众号菜单栏优化：

- 自定义菜单可以让用户迅速知道账号可提供的主要服务。

- 通过搜一搜功能，系统会根据用户的搜索意图，推荐最合适的菜单选项或账号特性。

5）标题优化：确保你的文章标题吸引人，并且包含关键词。标题是用户第一眼看到的内容，好的标题能大大提高点击率。

6）正文优化：在文章的开头部分，应尽量集中使用关键词，以增强文章的关键词密度和搜索覆盖面。同时，可以融入一些长尾关键词（即由多个词汇组成的短语或关键词的同义词），这样能够使文章在搜索引擎中覆盖更广泛的搜索需求。

3.2.3 DeepSeek辅助SEO优化实例

本节将以公众号SEO优化作为典型案例展开深入剖析，借此详尽阐释DeepSeek如何为SEO优化工作提供切实有效的辅助支持，助力实现更为高效的优化成果。

1. 公众号名称SEO优化

提示词框架：

我是一个【方向】的公众号写作者，目前我的公众号名称是【公众号名称】，帮我从微信SEO优化的角度，再生成10个公众号名称。

案例：

我是一个【亲子】方向的公众号写作者，目前我的公众号名称是【××妈妈育儿】，帮我从微信SEO优化的角度，再生成10个公众号名称。

DeepSeek的输出：

以下是10个从SEO优化角度设计的亲子类公众号名称建议，结合了关键词布局和用户搜索习惯。

1. ××妈妈育儿指南（核心词前置+解决方案型后缀）
2. 宝妈成长手记××（身份认同+内容形式+品牌后缀）
3. 亲子成长研究所××（专业感定位+教育场景）
4. 智慧父母养成记（高搜索量关键词+场景化）
5. 育儿知识宝库××（资源型定位+价值承诺）

6. 家庭教养研究院（权威定位 + 精准领域）

7. ×× 妈妈的育儿日记（个人 IP+ 内容持续性）

8. 科学育儿方法论（专业关键词 + 解决方案）

9. 亲子时光管理家（细分场景 + 功能性定位）

10. 新手妈妈成长营 ××（精准人群 + 社群化定位）

SEO 优化要点：

1. 核心关键词布局："育儿""亲子""妈妈"等高频词前置。

2. 长尾关键词延伸："指南""方法论""研究院"等专业词提升权重。

3. 场景化关键词："成长""时光""家庭"等增强关联性。

4. 价值型关键词："智慧""科学""管理"等提升点击率。

5. 保留品牌标识"××"增强辨识度。

6. 名称长度控制在 6 ～ 8 字，适配移动端显示。

建议结合自身内容特色选择，可优先考虑包含"方法论""研究院""宝库"等专业关键词的名称，这类词汇的搜索竞争相对较小但转化率较高。

2. 公众号简介 SEO 优化

提示词框架：

我是一个【方向】的公众号写作者，目前我的公众号简介是【公众号简介】，帮我从微信 SEO 优化的角度，再优化一下简介。

案例：

我是一个【亲子方向】的公众号写作者，目前我的公众号简介是【关注 ×× 妈妈，带你解锁育儿路上的各种知识】，帮我从微信 SEO 优化的角度，再优化一下简介。

DeepSeek 的输出：

根据微信 SEO 的核心要素（高频词植入、需求场景化、行动号召力），我为您的简介优化提供三个方向。

【专业版】

"北师大育儿团队指导——0 ～ 6 岁科学育儿干货库

100 个育儿难题解决方案 + 亲子沟通秘籍

立即关注领取《新手妈妈避坑指南》电子书”

优化逻辑：

1. 权威背书提升可信度。

2.“0 ～ 6 岁”精准定位搜索人群。

3.“育儿干货”“解决方案”“沟通秘籍”覆盖高频搜索词。

4. 福利诱饵提升转化率。

【场景痛点版】

“深夜哄睡崩溃？挑食大战心累？这里都有解！

每日更新：辅食食谱 × 情绪管理 × 早教游戏

30 万妈妈验证有效的实战育儿经，点击关注”

优化逻辑：

1. 场景化痛点引发共鸣。

2. 具体服务承诺增强信任。

3.“辅食”“情绪管理”“早教”精准匹配长尾词。

4. 用户见证数据强化说服力。

【情感价值版】

“不做完美妈妈，只做快乐妈妈

联合 20 位儿童心理专家，打造【不焦虑育儿圈】

你的每个育儿困惑，我们都懂”

优化逻辑：

1. 情感诉求直击引起妈妈共鸣。

2.“儿童心理专家”提升专业度。

3.“不焦虑”差异化定位。

4. 互动承诺增强归属感。

SEO 组合建议：

1. 标题保留“×× 妈妈”个人 IP。

2. 简介中交替使用“育儿干货”“早教游戏”“情绪管理”等长尾词。

3. 每月更新简介中的数字和福利内容，保持新鲜度。

4. 在文末添加“育儿经验”“科学育儿”等话题标签。

需要根据你实际能提供的内容资源选择方向，重点确保简介承诺与推文内容高度匹配，否则会影响打开率。是否需要针对某个方向深入优化？

3. 公众号菜单栏 SEO 优化

提示词框架：

我是一个【方向】的公众号写作者，目前我的公众号菜单栏包括【公众号菜单栏】，帮我从微信 SEO 优化的角度，再优化一下菜单栏。

案例：

我是一个【亲子方向】的公众号写作者，目前我的公众号菜单栏包括【联系我、育儿知识】，帮我从微信 SEO 优化的角度，再优化一下菜单栏。

DeepSeek 的输出：

从微信 SEO 优化角度，公众号菜单栏需要兼顾关键词布局、用户搜索习惯、内容聚合导航及转化引导。以下是针对亲子类公众号的菜单栏优化方案。

一级菜单命名优化（3 个黄金位）

1. 育儿干货大全

子菜单如下。

- ❑ 0～3 岁早教指南（覆盖月龄关键词）
- ❑ 入园入学攻略（9 月开学季热点词）
- ❑ 亲子沟通秘籍（高搜索量育儿痛点）

2. 免费资源领取

子菜单如下。

- ❑ 绘本清单 PDF（“免费资源”为高转化词）
- ❑ 早教游戏视频（视频内容提升停留时长）
- ❑ 辅食食谱大全（刚需高频搜索词）

3. 妈妈交流基地

子菜单如下。

❑ 加我领课程（私域引流话术）

❑ 宝妈互助社群（UGC内容池建设）

❑ 专家在线答疑（提升账号权威性）

SEO优化逻辑拆解：

1. 关键词布局：每个菜单项嵌入2～3个育儿领域热搜词（可用微信指数/5118工具验证）。

示例：辅食添加/分离焦虑/感统训练/绘本推荐

2. 内容结构化：将原有“育儿知识”拆分为具体场景，符合“具体问题+解决方案”的搜索逻辑。

3. 入口埋点策略：

❑ 资源领取设置阶梯门槛。（关注后下载→分享解锁）

❑ 社群入口前置，提升粉丝黏性。（社群内容可反哺公众号选题）

4. 信任背书强化：

❑ 在“专家答疑”子菜单添加资质证书展示。

❑ 菜单内嵌成功案例合集。（真实用户见证）

数据监控建议：

1. 每周通过公众号后台“菜单分析”查看各入口点击数据。

2. 对点击量低于5%的菜单项进行AB测试。（对保留的核心词调序或微调话术）

3. 季节性菜单设置，如暑期增加“亲子游攻略”临时入口。

示例优化前后对比：

原菜单：联系我/育儿知识

优化后：育儿宝典|限时福利|妈妈俱乐部

（每个一级菜单项点击率可提升20%～35%，同时通过子菜单的内容沉淀，能有效提升公众号在微信生态内的内容收录权重。）

4. 公众号文章标题 SEO 优化

提示词框架：

我是一个【方向】的公众号写作者，目前我的一篇文章标题是【文章标题】，帮我从微信 SEO 的角度，再优化一下标题。

案例：

我是一个【亲子】方向的公众号写作者，目前我的一篇文章标题是【2 岁宝宝喂养建议】，帮我从微信 SEO 的角度，再优化一下标题。

DeepSeek 的输出：

以下是从微信 SEO 角度进行公众号文章标题优化的建议和备选方案。

1. 核心优化逻辑：

- 前置高频搜索词：将“2 岁宝宝”放在开头，匹配用户搜索习惯。
- 增加长尾关键词：覆盖“营养、发育、食谱、误区”等细分需求。
- 强化数字提示：吸引用户点击同时提升关键词密度。
- 加入场景化关键词：如“挑食、不爱吃饭、身高发育”等痛点。

2. 优化后的标题备选：

- 【2 岁宝宝喂养指南】儿科医生总结的 5 大营养关键 + 30 天食谱。
- 2 岁宝宝不爱吃饭怎么办？ 3 个科学喂养诀窍 + 每日餐单示例。
- 2 岁宝宝营养全攻略 | 避开 8 大喂养误区的黄金喂养法（附食谱）。
- 2 岁宝宝怎么吃更聪明？抓住大脑发育黄金期的喂养秘诀。
- 2 ～ 3 岁宝宝科学喂养手册：身高体重达标的关键饮食搭配。

3. 优化技巧解析：

- 增加地域词拓展搜索：如“北京协和专家建议 2 岁宝宝……”。
- 强调结果导向：添加“长高 5cm/ 提高免疫力”等具象效果。
- 使用季节限定词：如“春季 / 夏季 2 岁宝宝饮食注意事项”。
- 制造场景冲突：如“2 岁宝宝喂饭难？掌握这 4 招轻松搞定”。
- 增加权威背书：如“XXX 推荐的 2 岁宝宝喂养方案”。

建议选择包含具体数字 + 痛点场景 + 解决方案的标题结构，例如第三个选项同时覆盖了误区提醒和食谱福利，既符合搜索习惯又具备转化吸引力。测试时可搭配不同封面图做 AB 测试，观察打开率变化。

3.3 辅助制作高质量内容卡片

在写作时，常面临一个棘手难题：为使内容更具表现力而需配图之际，所选图片却屡屡难以与文本的核心意涵、营造的意境完美匹配。无论从传达文字深层情感，还是展现独特韵味的角度衡量，这些配图皆有所欠缺，难以达成图文相辅相成的理想效果。本节将讲解如何用 DeepSeek 辅助制作高质量配图。

内容卡片是一种将文本重点内容进行整合凝练，并以卡片形式呈现的载体。它通过结构化布局，将关键信息清晰罗列，使内容要点一目了然，便于用户快速获取核心内容，提升信息吸收效率。

运用 DeepSeek 能高效生成内容卡片的 HTML 文件，快速构建卡片。这样操作更便捷，能极大节省制作时间与精力。这类内容卡片尤其适用于前文所述的并列式结构，可清晰直观呈现平行信息，通过结构化布局增强可读性与视觉效果，助力用户理解内容。

接下来将详细阐述运用 DeepSeek 生成内容卡片的方法。以下为提示词框架和案例。

提示词框架：

我要写的是一篇关于【主题】的文章，以下是内容：【内容】

把上面的内容用 HTML 格式输出。

要求：

1. 符合【平台】知识卡片风格。

2.【配色风格】。

3. 一定要保证文字显示清晰。

4. 布局要有呼吸感，疏密有致。

5. 卡片内容包含可爱的图标，用色丰富。

6. 要完整输出卡片的 HTML 代码，保证 HTML 能够正常运行。

7. 不能省略重复代码。

8. 卡片提供下载为 PNG/JPEG 的按钮，下载的图片确保内容完整且没有下载按钮。

案例：

我要写的是一篇关于【时间管理】的文章，以下是内容：

【时间管理方法：

1. 番茄工作法（25 分钟专注 +5 分钟休息）

2. 每日列出 3 个核心任务

3. 使用时间块规划表

4. 设置手机勿扰模式

5. 完成奖励自己小星星】

把上面的输出内容用 HTML 格式输出。

要求：

1. 符合【公众号】知识卡片风格。

2.【配色风格清新淡雅】。

3. 一定要保证文字显示清晰。

4. 布局要有呼吸感，疏密有致。

5. 卡片内容包含可爱的图标，用色丰富。

6. 要完整输出卡片的 HTML 代码，保证 HTML 能够正常运行。

7. 不能省略重复代码。

8. 卡片提供下载为 PNG/JPEG 的按钮，下载的图片确保内容完整且没有下载按钮。

DeepSeek 的输出：

```
<!DOCTYPE html>
<html lang="zh-CN">
```

```
<head>
    <meta charset="UTF-8">
    <title>时间管理知识卡片</title>
    <link rel="stylesheet" href="https://cdnjs.cloudflare.com/
        ajax/libs/font-awesome/6.0.0/css/all.min.css">
    <style>
        body {
            background: #f0f7ff;
            display: flex;
            justify-content: center;
            align-items: center;
            min-height: 100vh;
            margin: 0;
            font-family: '微软雅黑', sans-serif;
        }

        .card {
            background: white;
            border-radius: 20px;
            padding: 30px;
            width: 500px;
            box-shadow: 0 8px 20px rgba(143, 168, 191, 0.2);
            position: relative;
        }

        .title {
            color: #2c3e50;
            text-align: center;
            font-size: 24px;
            margin-bottom: 25px;
            font-weight: bold;
        }

        .list {
            list-style: none;
            padding: 0;
            margin: 0;
        }

        .list-item {
```

```
    display: flex;
    align-items: center;
    margin: 18px 0;
    padding: 12px;
    background: #f8faff;
    border-radius: 12px;
}

.icon {
    font-size: 24px;
    width: 40px;
    height: 40px;
    border-radius: 50%;
    display: flex;
    align-items: center;
    justify-content: center;
    margin-right: 15px;
}

.text {
    color: #34495e;
    font-size: 16px;
    line-height: 1.6;
}

.download-btn {
    background: #6c5ce7;
    color: white;
    border: none;
    padding: 12px 24px;
    border-radius: 8px;
    font-size: 16px;
    cursor: pointer;
    display: block;
    margin: 25px auto 0;
    transition: 0.3s;
}

.download-btn:hover {
    background: #5b4bc4;
```

```
        }

        /* 图标颜色 */
        .icon-1 { background: #ff7675; color: white; }
        .icon-2 { background: #74b9ff; color: white; }
        .icon-3 { background: #55efc4; color: white; }
        .icon-4 { background: #a55eea; color: white; }
        .icon-5 { background: #ffd700; color: white; }
    </style>
</head>
<body>
    <div class="card" id="captureCard">
        <h1 class="title">⏰时间管理指南</h1>
        <ul class="list">
            <li class="list-item">
                <div class="icon icon-1"><i class="fas fa-clock">
                    </i></div>
                <div class="text">番茄工作法（25 分钟专注 +5 分钟休息）</div>
            </li>
            <li class="list-item">
                <div class="icon icon-2"><i class="fas fa-tasks">
                    </i></div>
                <div class="text">每日列出 3 个核心任务</div>
            </li>
            <li class="list-item">
                <div class="icon icon-3"><i class="fas fa-calendar-
                    alt"></i></div>
                <div class="text">使用时间块规划表</div>
            </li>
            <li class="list-item">
                <div class="icon icon-4"><i class="fas fa-mobile-
                    alt"></i></div>
                <div class="text">设置手机勿扰模式</div>
            </li>
            <li class="list-item">
                <div class="icon icon-5"><i class="fas fa-star">
                    </i></div>
                <div class="text">完成奖励自己小星星</div>
            </li>
        </ul>
```

```
        <button class="download-btn" onclick="downloadCard()">
            保存知识卡片 </button>
    </div>

    <script src="https://html2canvas.hertzen.com/dist/html2canvas.
        min.js"></script>
    <script>
        function downloadCard() {
            const card = document.getElementById('captureCard');
            const btn = document.querySelector('.download-btn');

            // 隐藏下载按钮
            btn.style.display = 'none';

            html2canvas(card).then(canvas => {
                const link = document.createElement('a');
                link.download = 'time-management-card.png';
                link.href = canvas.toDataURL();
                link.click();

                // 恢复下载按钮
                btn.style.display = 'block';
            });
        }
    </script>
</body>
</html>
```

当 DeepSeek 完成内容输出后，直接单击界面中的“运行 HTML”选项（见图 3-1），即可呈现对应的 HTML 文件。

图 3-1　DeepSeek 输出 HTML 内容后单击“运行 HTML”选项

完成上述操作后，单击“保存知识卡片”选项，即可对相关图片执行下载操作，如图 3-2 所示。

图 3-2　DeepSeek“运行 HTML”后下载内容卡片

运用上述方法，能够以较高的效率生成与文章内容高度匹配的内容卡片。这些精心制作的内容卡片，可有效提升文章的视觉吸引力，使文章呈现出图文并茂的优质效果，增强整体的可读性与传播力。

4

|第4章| CHAPTER

重塑企业办公

本章将主要分析 AI 重塑办公的维度，以及如何利用 DeepSeek 进行任务管理与文档处理。

4.1 AI 重塑企业办公的核心维度

在合法合规的基础上，AI 技术正进一步突破传统办公场景的效能边界。从企业文档生成、合同模板的智能生成到知识产权的自动化追踪，从招聘流程到面试管理，AI 不仅解决了“如何规范”的问题，更通过重构协作模式、决策流程和资源分配，回答了“如何高效”的问题。以下是 AI 重塑企业办公的核心维度。

1. 提升工作效率

- 自动化流程：AI 可以自动处理重复性任务，如数据录入、文档整理、邮件分类等，减少人工操作，提升效率。
- 智能助手：AI 助手（如 DeepSeek、飞书智能助手）可以帮助员工快速查找信息、生成报告、安排日程，从而节省时间。
- 快速决策：通过数据分析工具，AI 能够快速处理海量数据、生成可视化报告，帮助管理者快速做出决策。

2. 优化沟通与协作

- 智能会议助手：AI 可以自动记录会议内容、生成会议纪要，甚至分析讨论重点，从而提高会议效率。
- 语言翻译与沟通：AI 实时翻译工具打破语言障碍，促进跨国团队的无缝协作。
- 智能推荐：AI 可以根据员工的工作习惯和需求，推荐合适的协作工具或资源。

3. 数据驱动决策

- 数据分析与预测：AI 能够从海量数据中提取有价值的信息，帮助企业预测市场趋势、客户需求，优化资源配置。

- 个性化推荐：AI 可以根据员工的工作内容，推荐相关的学习资源、工具或解决方案，提升个人和团队的能力。
- 风险预警：AI 可以实时监控业务数据，发现异常并及时预警，从而降低企业运营风险。

4. 优化运营

- 降低人力成本：通过自动化工具，企业可以减少对低技能岗位的依赖，降低人力成本。
- 优化资源分配：AI 可以分析资源使用情况，帮助企业优化资源配置，避免浪费。
- 提高产出效率：AI 可以加快任务完成速度，间接降低时间成本。

5. 创新工作方式

- 智能文档生成：AI 可以根据需求自动生成文档、报告、邮件等内容，减少人工编写时间。
- 虚拟助手与智能体：智能体可以模拟人类完成复杂任务，如客户服务、技术支持等。
- 远程办公支持：AI 工具（如智能日程管理、远程协作平台）使远程办公更加高效和便捷。

6. 个性化与智能化体验

- 个性化工作流：AI 可以根据员工的工作习惯和偏好定制个性化的工作流程和工具推荐。
- 智能学习与培训：AI 可以根据员工的学习进度和需求推荐个性化的培训内容，从而提升员工的技能水平。
- 员工体验优化：AI 可以分析员工的反馈，帮助企业优化办公环境和文化，提升员工的满意度。

7. 推动企业数字化转型

- 智能化基础设施：AI 可以推动企业 IT 基础设施（如智能 ERP、CRM 系统等）的升级。

- 数据整合与共享：AI可以帮助企业打破数据孤岛，实现跨部门、跨系统的数据整合与共享。
- 创新业务模式：AI驱动的智能化服务（如智能客服、个性化推荐）可以帮助企业开拓新的业务模式。

未来，随着AI技术的进一步发展，企业办公将变得更加智能、高效和灵活。下面结合实际工作场景介绍如何利用DeepSeek重塑企业办公流程和任务。

4.2 利用DeepSeek与飞书进行任务管理

本案例分为3步：第一步，用DeepSeek生成项目计划；第二步，注册飞书账号；第三步，基于项目计划在飞书中创建多维表格任务，进一步做任务跟踪和处理。

4.2.1 用DeepSeek生成项目计划

打开DeepSeek，输入下面的提示词：

我是一名项目经理，请生成一个项目管理模板文件，请以Excel格式输出。已知涉及内容包括重要紧急、重要不紧急、紧急不重要和不紧急不重要四类任务。

DeepSeek的输出：

以下是专为四象限任务管理设计的Excel模板，支持任务分类、进度跟踪及自动提醒。

任务类型	任务名称	优先级	状态	负责人	开始日期	截止日期	进度	备注
重要紧急	完成年度财务报告	P0	进行中	张三	2024/11/1	2025/11/1	30%	需财务部配合

（续）

任务类型	任务名称	优先级	状态	负责人	开始日期	截止日期	进度	备注
重要紧急	系统安全漏洞修复	P0	待开始	李四	—	2024/12/1	0%	紧急响应任务
重要不紧急	优化供应链管理	P1	规划中	王五	2025/1/1	2025/6/30	10%	需进行供应商调研
紧急不重要	客户满意度调查	P2	进行中	赵六	2024/11/1	2024/11/30	60%	第三方执行
不紧急不重要	办公室绿植维护	P3	已完成	行政部	2024/1/1	2024/12/31	100%	年度常规任务

下方为模板功能说明区。

请将以下内容复制到 Excel 并启用相应功能。

1. 智能标记规则（需设置条件格式）

- 优先级颜色：P0（红色）、P1（橙色）、P2（蓝色）、P3（灰色）。
- 状态标记：进行中（黄色）、已完成（绿色）、延期（红色）。

2. 数据验证下拉列表

- 任务类型：["重要紧急","重要不紧急","紧急不重要","不紧急不重要"]
- 优先级：["P0","P1","P2","P3"]
- 状态：["待开始","进行中","已延期","已完成"]

3. 自动提醒公式（在备注列旁新增列）

=IF(AND(状态="进行中",TODAY()>截止日期),"!延期",IF(AND(状态="进行中",截止日期-TODAY()<=7),"本周截止",""))

4. 统计看板（建议放置于表格顶部）

任务类型	总任务数	完成率	平均进度
重要紧急	2	0%	15%
重要不紧急	1	0%	10%
紧急不重要	1	0%	60%
不紧急不重要	1	100%	100%

5. 进度条实现方法

选择进度列→条件格式→数据条→选择颜色梯度。

将 DeepSeek 输出的内容复制到 Excel 文件中，保存，命名为“项目计划 V0.1”。

4.2.2 注册飞书账号

在进行第二步之前，需要先注册飞书账号。访问飞书网站 https://www.feishu.cn/，完成注册流程。注册的步骤如下。

1）打开飞书官网或下载飞书客户端（支持 PC、手机、网页端）。

2）单击页面右上角的“免费使用”或“注册”按钮。

3）填写账号信息：输入手机号码或邮箱地址，单击“获取验证码”按钮，输入收到的短信 / 邮件验证码。

4）设置登录密码（需包含字母、数字，8 ～ 20 位）。

5）完成个人资料：输入姓名（可修改），选择所在地区（如中国大陆）。

6）阅读并同意《服务协议》和《隐私政策》，点击“注册”按钮。

注册成功后，就可体验基础功能了。

4.2.3 创建多维表格任务

注册成功之后登录。选择“飞书网页版”，如图 4-1 所示。

图 4-1　飞书网页版

页面跳转之后呈现的左侧布局如图 4-2 所示。

图 4-2　飞书网页版页面左侧布局

之后就可以利用飞书进行任务处理了。先来看一个案例，创建一个简单的多维表格任务。在图 4-2 所示的界面中选择“飞书云文档”，其界面如图 4-3 所示。

图 4-3　“飞书云文档”界面

在“飞书云文档”界面选择“新建”菜单，找到“多维表格”选项，如图 4-4 所示。

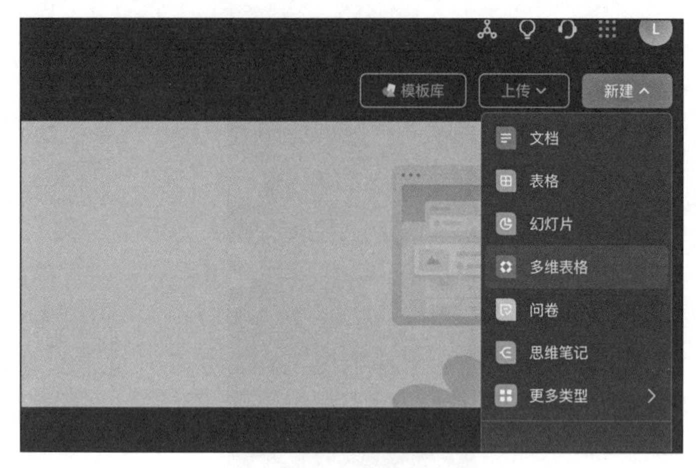

图 4-4 “多维表格”选项

单击“多维表格”选项，并单击“新建多维表格”，如图 4-5 所示。

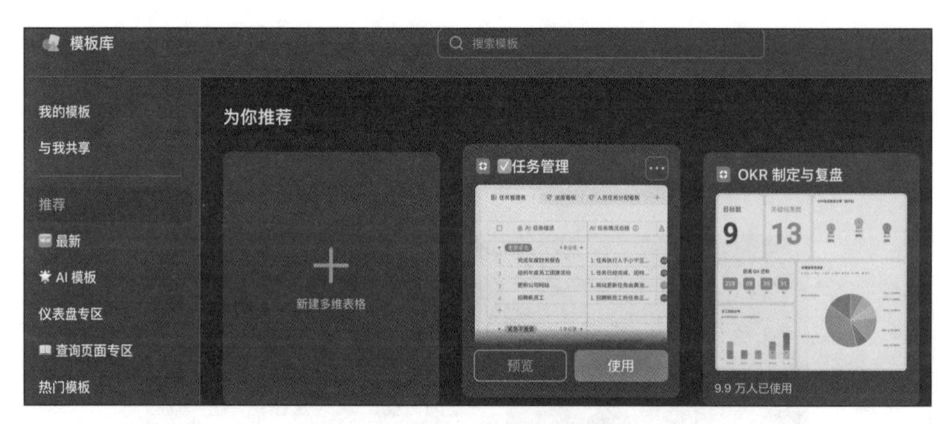

图 4-5 单击“新建多维表格”

单击左边的菜单“导入 Excel”，如图 4-6 所示。此时选择文件，文件为在 4.2.1 节中保存的 Excel 文件“项目计划 V0.1”。

如图 4-7 所示，初始化的项目计划已经纳入多维表格管理。可以继续编辑相关任务，还可以享受到数据“仪表盘”的服务。

在“任务管理”选项区域的左下方选择“仪表盘”选项，就会打开数据看板组件。数据看板组件包含折线图、排行榜、饼图等工具，如图 4-8 所示。

图 4-6　导入 Excel

	任务类型	任务名称	优先级	状态	负责人	开始日期	截止日期
1	重要紧急	完成年度财务报告	P0	进行中	张三	2024/11/01	2025/11/01
2	重要紧急	系统安全漏洞修复	P0	待开始	李四	-	2024/12/01
3	重要不紧急	优化供应链管理	P1	规划中	王五	2025/01/01	2025/06/30
4	紧急不重要	客户满意度调查	P2	进行中	赵六	2024/11/01	2024/11/30
5	不紧急不重要	办公室绿植维护	P3	已完成	行政部	2024/01/01	2024/12/31

图 4-7　项目计划页面

图 4-8　数据看板组件

我们以饼图为例介绍如何使用看板。如图 4-9 所示，可以按照扇区分组选择按某列数据进行生成。

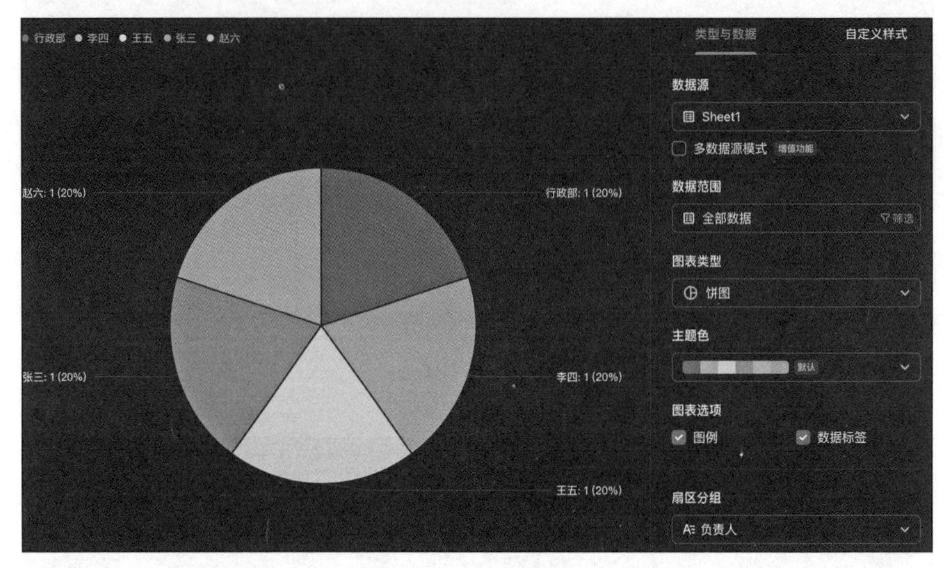

图 4-9　生成饼图

4.3　DeepSeek 文档处理：智能生成合同

我们先来看一个合同起草的案例。IT 老张是一家科技公司的创始人，他想起草一份劳动合同，要求符合《劳动合同法》[㊀]，并且保留在员工离职后对其启动竞业协议的权利。

本着细节流程覆盖的原则，笔者记录了这个过程。

案例：我们来生成一份某公司的劳动合同，期望生成的合同符合法律要求，并且对公司利益有保障。

在 DeepSeek 中输入“最新《劳动合同法》关于竞业限制的条款”，之后 DeepSeek 就会获取法律依据。

㊀ 《中华人民共和国劳动合同法》的简称，下同。

我们可以看到 DeepSeek 对于相关法律条款的解释。

法律依据

1.《劳动合同法》第二十三条

用人单位与劳动者可以在劳动合同中约定保守用人单位的商业秘密和与知识产权相关的保密事项。

经济补偿：对负有保密义务的劳动者，用人单位应在竞业限制期限内按月给予经济补偿。

违约金：劳动者违反竞业限制约定的，应当按约定向用人单位支付违约金。

2.《劳动合同法》第二十四条

适用人员：竞业限制的人员限于用人单位的高级管理人员、高级技术人员和其他负有保密义务的人员。

限制范围：不得与本单位生产或经营同类产品、从事同类业务的有竞争关系的其他单位就业，或自己开业生产、经营同类产品或业务。

期限限制：竞业限制期限不得超过 2 年。

3.《最高人民法院关于审理劳动争议案件适用法律问题的解释（一）》[1]（2020 年）

明确用人单位未支付经济补偿满 3 个月，劳动者可请求解除竞业限制约定（第三十八条）。

在竞业限制期限内，若用人单位要求解除协议，劳动者可额外主张 3 个月的补偿金（第三十九条）。

……

DeepSeek 也提炼了关键要点和注意事项。

1. 关键要点

1）协议必须书面约定。

---

[1] 下简称《劳动争议司法解释（一）》。

2）竞业限制需通过劳动合同或单独协议明确，口头约定无效。

3）补偿标准：

- ❑ 法律未规定具体金额，通常为劳动者离职前 12 个月平均工资的 30% ～ 50%（根据地方司法实践）。
- ❑ 若未约定补偿标准但劳动者已履行义务，可要求用人单位按劳动合同解除前 12 个月平均工资的 30% 支付（《劳动争议司法解释（一）》第三十六条）。

4）违约责任：

- ❑ 劳动者违反竞业限制需支付违约金（金额需合理，过高可请求法院调整）。
- ❑ 用人单位未支付补偿金的，劳动者可解除协议并要求赔偿损失。

2. 注意事项

- ❑ 竞业限制不得扩大至普通员工，仅适用于特定涉密岗位。
- ❑ 竞业限制协议中未约定经济补偿的，劳动者履行义务后仍有权要求补偿。
- ❑ 用人单位单方解除竞业限制协议，需额外支付劳动者 3 个月补偿金。

在 DeepSeek 中输入“最新《劳动合同法》关于试用期的条款”，之后就可以获取法律依据了。

截取部分 DeepSeek 的回答，可以看到依据的是 2025 年的最新规定。

根据最新《劳动合同法》及相关司法解释，关于试用期的法律规定可归纳如下。

（1）试用期期限

依据劳动合同期限确定上限：

3 个月≤合同期限 <1 年：试用期不得超过 1 个月。

1 年≤合同期限 <3 年：试用期不得超过 2 个月。

合同期限≥ 3 年或无固定期限：试用期不得超过 6 个月。

（2）例外情形

以完成一定任务为期限的劳动合同，或合同期限不满 3 个月的，不得约定试用期。

（3）试用期次数限制

同一用人单位与同一劳动者只能约定一次试用期，即使劳动者调岗或续签合同，也不得重复约定。

继续在 DeepSeek 中输入：

基于以上两次对话的法律依据，生成技术岗位劳动合同模板，需包含薪酬结构、知识产权归属、违约责任，合同时间为固定期限，试用期为 6 个月。

因为篇幅限制，这里不展示全文，仅给出 DeepSeek 的部分回答。

第一条　合同期限与试用期

1.1　合同类型

固定期限劳动合同，期限自____年____月____日起至____年____月____日止（总计____年）。

法律依据：《劳动合同法》第十三条，固定期限合同需明确起止时间。

实操要点：试用期 6 个月仅适用于合同期限≥ 3 年的情形（否则试用期条款无效）。

1.2　试用期

自____年____月____日至____年____月____日，共计 6 个月。

法律依据：《劳动合同法》第十九条，合同期限≥ 3 年可约定最长 6 个月试用期。

.....

第五条　保密与竞业限制

5.1　保密义务

乙方需对甲方的技术秘密、客户数据等保密，离职后仍负有保密责任（无期限限制）。

5.2 竞业限制（可选条款）

若乙方为核心技术人员，离职后 2 年内不得入职竞争企业或自营同类业务。

经济补偿：离职后按月支付，标准为离职前 12 个月平均工资的____%。

法律依据：《劳动合同法》第二十三、二十四条，竞业限制需书面约定且支付补偿。

可以对合同内容进行详细的评审和修改。比如由前面法律条款可知合同分为固定期限合同和无固定期限合同。笔者期望用固定期限合同，如第五条“保密与竞业限制”中有描述：

若乙方为核心技术人员，离职后 2 年内不得入职竞争企业或自营同类业务。

经济补偿：离职后按月支付，标准为离职前 12 个月平均工资的____%。

一般可以修改为禁止入职某几家对手企业，并不限于此。对于补偿标准也可以按照自己公司的情况设定，但是要遵守法律规章。

笔者将合同文本导出到 WPS，使用 WPS 的灵犀“合同审查”功能进行检查。在 WPS 软件中搜索关键词“ AI”，先找到“ WPS 合同”功能（支持免费试用），如图 4-10 所示。

图 4-10 通过搜索找到“WPS 合同”功能

如果没有安装“WPS 合同”功能，系统会提示安装。安装之后打开操作界面，打开“智能审查”功能，并上传文件，如图 4-11 所示。

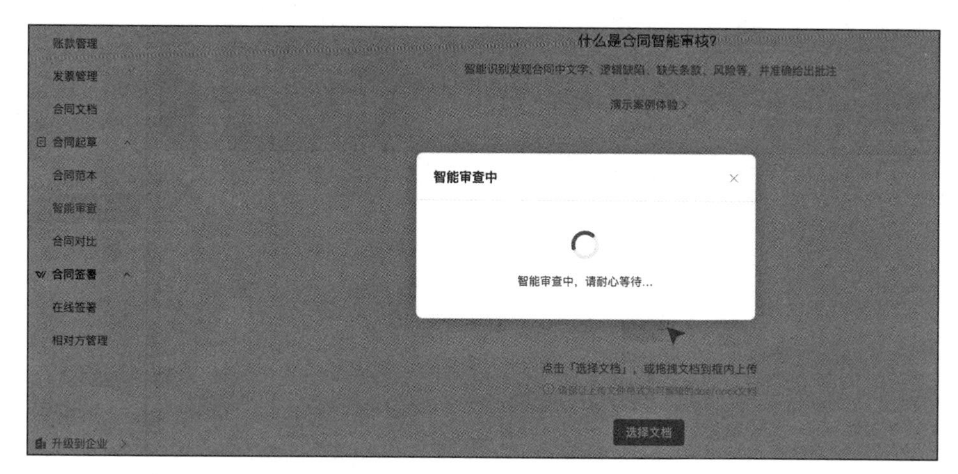

图 4-11　打开“智能审查”功能

“WPS 合同”审查给出了近 20 项专业建议，如图 4-12 所示。相关建议以批注的形式附在 WPS 文件中，且支持下载文件进行修改。

示摘要

险提示1 (严重):	合同条款信息完整，避免空缺	-10.00分	风险提示2 (严重):	缺少违约责任条款（违法解除合同）	-2.00分
险提示3 (严重):	缺少加班条款	-2.00分	风险提示4 (一般):	收款账户信息不齐全的风险	-0.50分
险提示5 (一般):	缺少劳动纪律条款	-2.00分	风险提示6 (一般):	缺少劳动保护、劳动条件和职业危...	-2.00分
险提示7 (一般):	缺少登记备案条款	-2.00分	风险提示8 (一般):	缺少合同生效条款	-2.00分
险提示9 (建议):	通知信息不齐全的风险	-0.00分	风险提示10 (建议):	在预留【】______内必须填写相应的内容。	
险提示11 (建议):	用人单位违反劳动法规定解除或者终止劳动合同的，...		风险提示12 (建议):	用人单位应当按照下列标准支付高于劳动者正常工作...	
险提示13 (建议):	补充开户行或账号，并填写完整信息。		风险提示14 (建议):	用人单位根据工作需要，依法制定规章制度和劳动纪...	
险提示15 (建议):	1、用工单位为派遣劳动者提供各相关岗位的办公工具...		风险提示16 (建议):	用人单位应当在与劳动者签订劳动合同之日起30日内...	
险提示17 (建议):	本协议自双方签字盖章之日起生效。（若需要批准，...		风险提示18 (建议):	合同中应当约定甲乙双方联系人、电话、地址等信息...	

图 4-12　WPS 合同审查结果

5

|第 5 章| C H A P T E R

DeepSeek 辅助数据分析

我们在工作和生活中，离不开数据分析。不信的话，我们来看一些场景，看看大家是不是有共鸣。

场景 1：小军是一位职场白领，他会在淘宝和拼多多上购物，线下消费时使用扫码支付。他的工资发放到银行卡，跟老婆日常转账使用微信。他在支付宝和微信中可以看到每个月所有的消费记录，也可以自定义一些标签。但是，他要如何将支付宝、微信、银行卡的收支情况整合统计呢？此外，虽然小军和老婆相互转账比较多，但是从家庭整体收入的角度来看并没有增加收入。这部分收支数据如果也被统计，是不是会影响数据的真实性呢？

场景 2：清晨 7 点，北京朝阳区的王芳打开手机，看到 DeepSeek 自动推送的《家庭月度消费报告》：上月奶茶支出超标 148%，建议本周尝试自制饮品。

场景 3：义乌小商品店主李强收到库存预警——圣诞主题围巾应增加补货量。其预测依据是过去三年 12 月销量增长曲线与天气数据交叉分析。

这些场景都是普通中国人正在经历的日常。当数据分析从 IT 部门的专属技能变为全民工具，一场静默的认知革命已然到来。本章将通过几个真实案例，揭示普通人如何用 DeepSeek 实现“数据平权”。

5.1 辅助个人收支分析

我们继续看小军的例子，他现在的需求有 2 个：一个是将支付宝、微信、银行卡的收支情况整合到一起；另外一个是剥离家庭成员内的相互转账，对此进行单独分析。

在没有 DeepSeek 等大模型之前，要实现这两个需求，得花 100000 元找专业的 IT 研发团队做一个系统。比如设计一个综合性的财务管理应用，通过接入支付宝、微信和银行卡的 API，实现数据的自动同步和汇总。这样，小军就可以在一个平台上查看所有账户的收支情况，而无须登录到各个不同的应用中去手动查询。

其中，对于第二个场景的需求，我们需要在应用中额外增加一个转账记录的筛选功能。通过设置特定的标签或分类，将家庭成员之间的转账行为单独标记出来。这样，在统计分析时，小军就可以轻松地将这部分数据排除在外，从而得到更准确的家庭收支情况。

那么，有了 DeepSeek 之后，要如何实现这些需求呢？

5.1.1 从多平台导出数据

首先需要从支付宝、微信和招商银行 App 中导出数据。支付宝和微信都是 10 亿用户的国民级支付应用，关于它们的安装和基本介绍就不展开讲解了。

1. 支付宝消费记录下载步骤

1）打开支付宝 App。

2）单击右下角的“我的”按钮，如图 5-1 所示。

图 5-1 单击“我的”按钮

3）在如图 5-1 所示的页面中找到“账单”选项并单击进入。

4）在“账单”页面，单击右上角的“…”按钮，如图 5-2 所示。

5）在悬浮页面中，单击“开具交易流水证明”按钮，如图 5-3 所示。

图 5-2　单击右上角的“…”按钮

图 5-3　单击“开具交易流水证明”按钮

6）选择申请用途为“用于个人对账”，单击“申请”，如图 5-4 所示。

7）选择交易流水范围，本案例是 1 个月。选择交易类型为“全部交易”，时间范围为“自定义”，然后设置开始时间为“2025-02-01”，结束时间为“2025-02-28”，并单击“下一步”按钮，如图 5-5 所示。

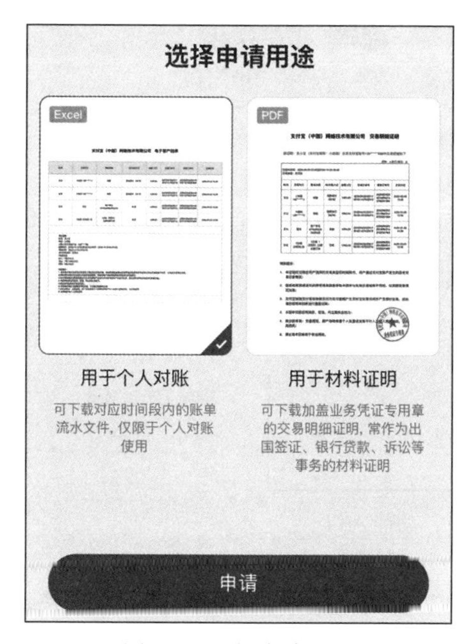

图 5-4　选择申请用途

图 5-5　选择交易流水范围

8）输入邮箱地址并单击“发送”按钮，交易流水文件就会被发到你的邮箱，如图 5-6 所示。

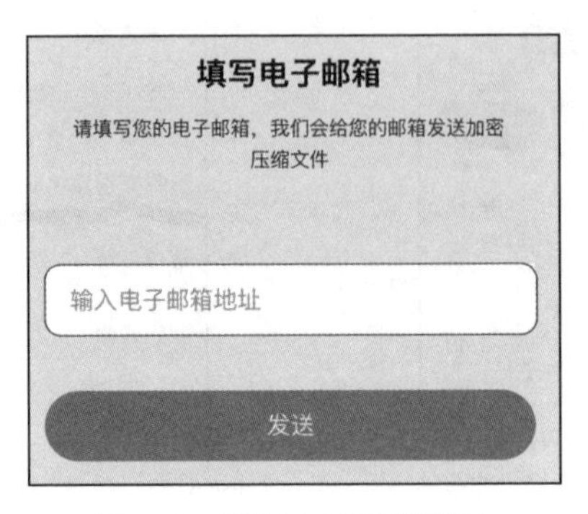

图 5-6　填写电子邮箱地址

9）该文件会被加密，其密码会在支付宝 App 中进行通知。在支付宝 App 中单击下方菜单栏中的“消息”按钮，如图 5-7 所示。

图 5-7　单击“消息”按钮

10）然后找到“消息盒子”功能入口，单击“消息盒子”选项，如图 5-8 所示。

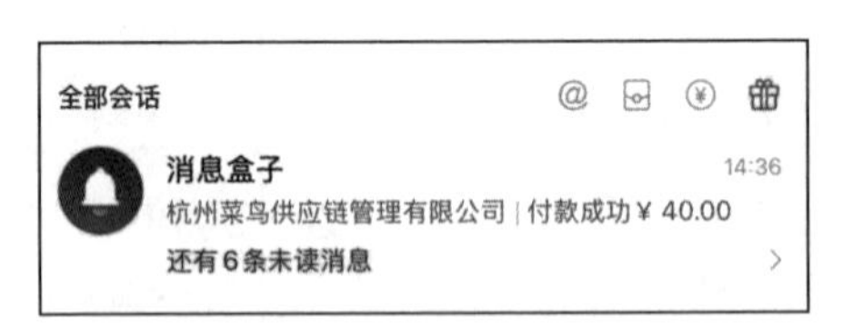

图 5-8　“消息盒子”功能入口

11）单击后，会看到“服务消息”和“支付消息”。在“服务消息”一栏，找到“我的账单”，可以查找到对应密码，如图 5-9 所示。

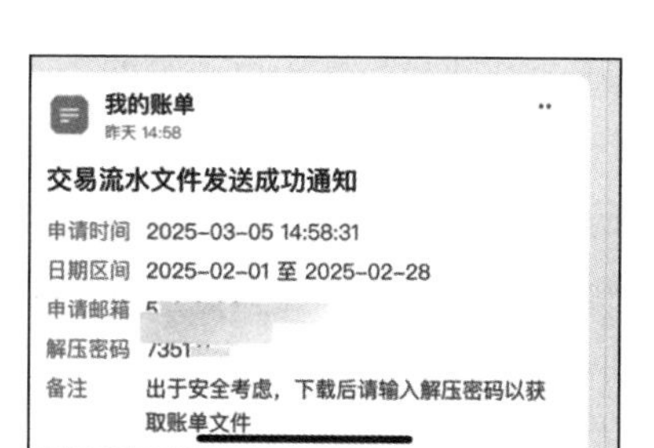

图 5-9　查找对应的密码

2. 微信消费记录下载步骤

1）打开微信 App，单击右下角的“我”按钮，如图 5-10 所示。

图 5-10　单击右下角的“我”按钮

2）选择相应页面中的“服务”选项，如图 5-11 所示。

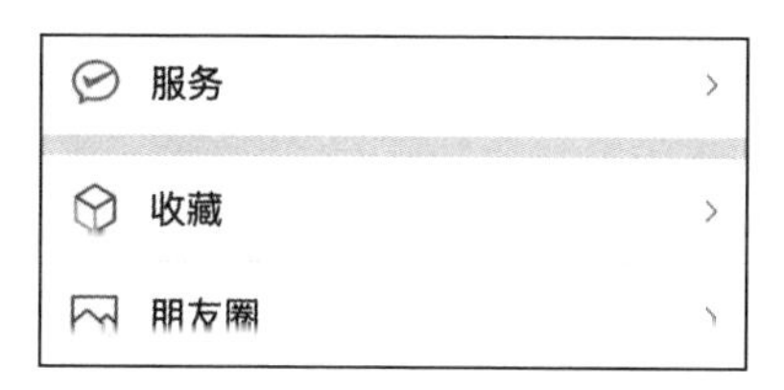

图 5-11　选择“服务”选项

3）在“服务”页面中找到“钱包”入口，如图 5-12 所示。

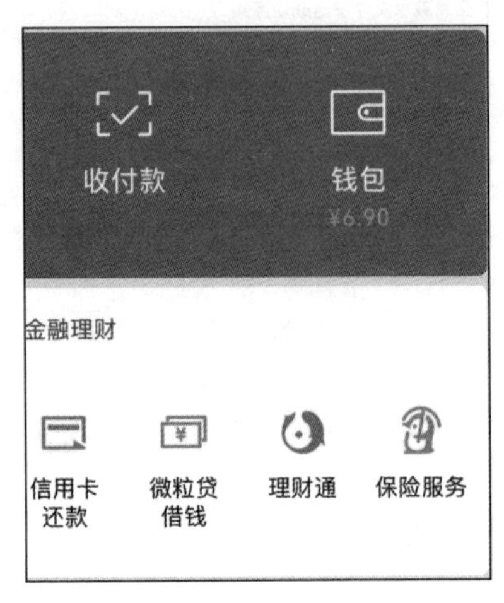

图 5-12 “钱包”入口

4）单击进入“钱包”页面，再单击其中右上角的“账单”按钮，如图 5-13 所示。

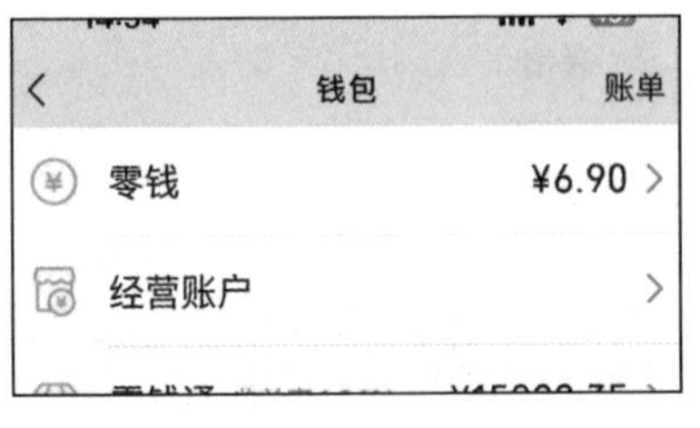

图 5-13 “账单”按钮

5）在“账单”页面中单击右上角的“常见问题”按钮，如图 5-14 所示。

图 5-14 “常见问题”按钮

6）找到“常用工具”模块中的“下载账单”服务入口，如图 5-15 所示，由此进入账单下载的服务页面。

图 5-15　“下载账单”入口

7）选择账单下载用途为“用于个人对账”，如图 5-16 所示。

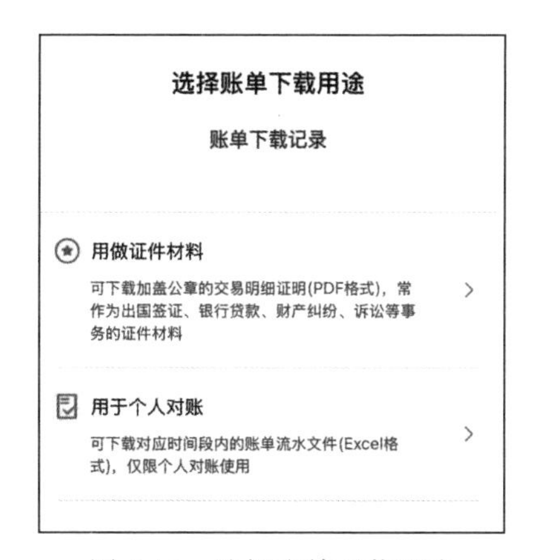

图 5-16　选择账单下载用途

8）选择账单交易类型和时间范围。本例中将“交易类型”选择为“全部”，将“账单时间”选择为“自定义时间”，并设置开始时间为“2025 年 2 月 1 日”，结束时间为“2025 年 2 月 28 日”，然后单击“下一步”按钮，如图 5-17 所示。

9）在指定位置输入邮箱地址，确认后，微信平台会将账单发送到你提供的邮箱中，如图 5-18 所示。

图 5-17 选择账单交易类型和时间范围

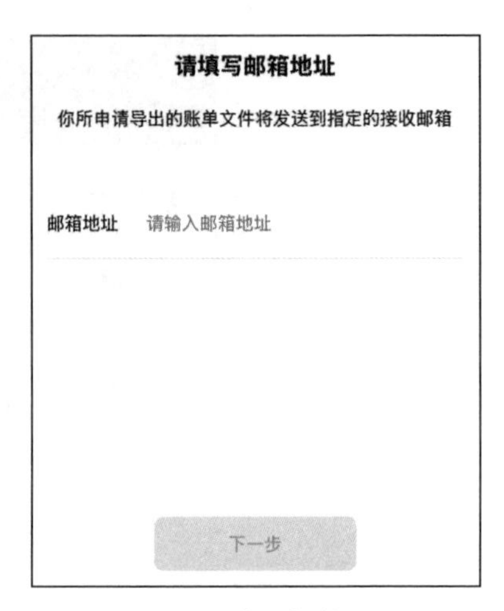

图 5-18 填写邮箱地址

自此，导出账单明细数据的工作完成，接下来对数据进行处理和合并。

笔者的第一个想法是让 DeepSeek 对支付宝流水文件、微信支付流水文件进行格式化处理，然后直接合并，再进行数据分析。但是经过对 DeepSeek 官网以及百度接入的 DeepSeek-R1 进行测试后发现，DeepSeek 当下并不擅长处理几百条规模的数据，因此笔者调整了思路。

新的处理思路分为几步：

1）对支付宝流水中交易对方、收 / 支种类一致的数据先进行初步合并，这样数据就能从 400 条左右减少到几十条，便于后续分析处理。

2）对于微信支付流水采用同样的方法进行初步合并。

3）对经过合并处理后的 2 个流水文件进行分析。

5.1.2 对数据进行合并

打开支持 DeepSeek 的百度 AI 搜索（https://chat.baidu.com)，询问如何在 Excel 中按“交易对象和收 / 支种类一致”作为条件来合并金额数据。

笔者的具体操作步骤如下。

1）对记录支付宝流水的 Excel 文件进行截屏，并将截屏图片上传到 DeepSeek，以便让 DeepSeek 对数据项目进行分析。注意图 5-19 所示的上传附件图标，可以上传多份文件。

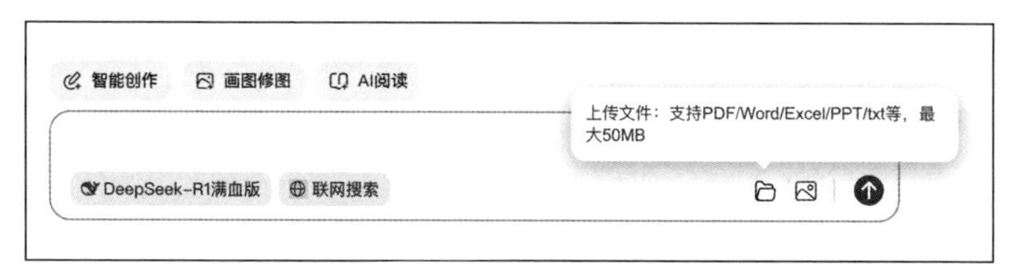

图 5-19　上传附件

2）我的目标是让 DeepSeek 告诉我如何在 Excel 中合并数据。因为流水有几百项，完全可以按照交易对方和收 / 支分类进行合并。当截屏图片上传之后，我让 DeepSeek 按要求进行分析。笔者的提示词如下：

请理解这个支付宝流水文件，给出 Excel 如何按条件合并数据的步骤。合并的条件是“交易对方和收 / 支分类均一致”。

DeepSeek 的回答思路正确，具体内容如下：

为了提取文件内容，并对交易对方相等且收 / 支类型一致的金额进行求和，我们可以使用 Excel 中的函数来实现。以下是一个逐步的解决方案：

1. 数据整理：先将图片中的文字信息整理成 Excel 表格，确保每一列都对应一个明确的标题，如“交易时间”“交易分类”“交易对方”“商品说明”“收 / 支”“金额”“收 / 付款方式”等。

2. 使用辅助列：在表格中添加一个辅助列，用于组合“交易对方”和“收 / 支”类型，以便后续进行唯一标识和求和。假设辅助列名为“唯一标识”，可以在该列的第一个单元格中输入公式“=B2&C2”（假设“交易对方”在 B 列，“收 / 支”在 C 列），然后向下填充公式。

3. 使用 SUMIF 或 SUMIFS 函数求和：

（1）在一个新的列或工作表中，列出所有唯一的“交易对方”和“收 / 支”组合。对于每个组合，使用 SUMIF 或 SUMIFS 函数来求和对应的金额。假设唯一标识列表在 G 列，从 G2 开始；金额列在 F 列（即原表格中的“金额”列）。

（2）在 H2 单元格中输入公式“=SUMIFS(F:F, D:D, G2)”（假设辅助列“唯一标识”在 D 列）。注意，这里使用的是 SUMIFS 函数，因为它允许我们根据多个条件进行求和。如果你的 Excel 版本不支持 SUMIFS，可以使用 SUMIF 结合数组公式或辅助列来实现类似功能。

（3）向下填充公式，以计算所有唯一组合的金额总和。

4. 导出为 CSV 格式：

（1）选择包含唯一标识和求和金额的数据区域。

（2）在 Excel 中，单击“文件”→“另存为”命令。

（3）在弹出的对话框中选择 CSV（逗号分隔值）作为文件类型，然后单击“保存”按钮。

3）笔者按照 DeepSeek 的建议来对 Excel 进行处理。首先，在 Excel 当前工作表（Sheet1）中创建一个新的列，取名为“唯一标识”。因为本次需求就是要满足交易对方和收 / 支类型同时相等的条件，使用简单公式“=C2&E2”即可达成这个目标。然后，向下填充公式，一直到所有行数据都被覆盖。操作展示如图 5-20 所示。

交易时间	交易分类	交易对方	收/支	金额	收/付款方式	唯一标识
2025/2/28 23:07	交通出行	高德打车	支出	34.14	花呗	=C2&E2
2025/2/28 20:07	交通出行	哈啰出行	支出	0	哈啰骑行卡	哈啰出行支出
2025/2/28 19:29	交通出行	高德打车	支出	14.02	花呗	高德打车支出
2025/2/28 16:01	充值缴费	中国移动和包官方旗舰店	支出	300	花呗	中国移动和包官方旗舰店支出
2025/2/28 15:58	转账红包	广州吱驿网络技术有限公司	收入	0.01		广州吱驿网络技术有限公司收入
2025/2/28 13:48	交通出行	成都天府通数字科技有限公司	支出	5	花呗	成都天府通数字科技有限公司支出

图 5-20 操作展示

4）新建一个工作表（Sheet2），列出所有唯一的“交易对方”和“收 / 支”组合。具体操作如下。

①如图 5-21 所示，选择图中的 H 列，用快捷键“Ctrl+C”执行复制操作。

②在“粘贴”的菜单中选择“值”命令，如图 5-21 所示。

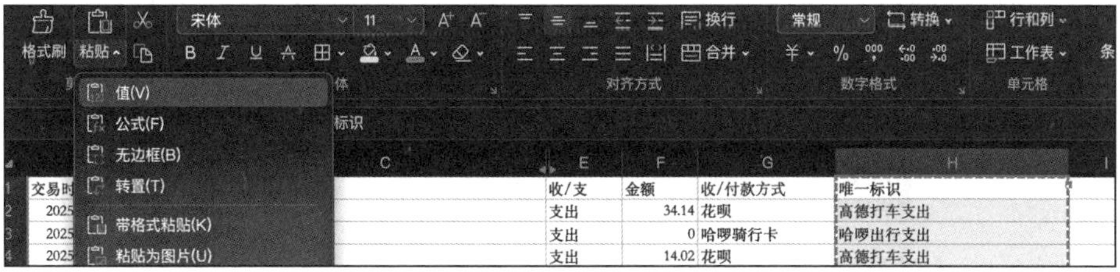

图 5-21　复制 H 列数据并选择“粘贴”菜单中的“值”命令

5）在工作表（Sheet2）中进行粘贴，如图 5-22 所示。

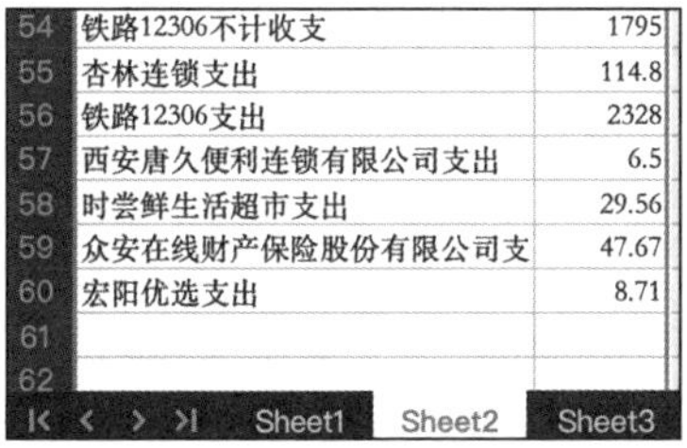

行	A	B
54	铁路12306不计收支	1795
55	杏林连锁支出	114.8
56	铁路12306支出	2328
57	西安唐久便利连锁有限公司支出	6.5
58	时尝鲜生活超市支出	29.56
59	众安在线财产保险股份有限公司支	47.67
60	宏阳优选支出	8.71
61		
62		

Sheet1　Sheet2　Sheet3

图 5-22　粘贴在 Sheet2 中

6）去除重复项，具体操作为：选定对应数据列，在菜单栏中选择“数据”子菜单，然后选择“重复项”→“删除重复项”命令，如图 5-23 所示。

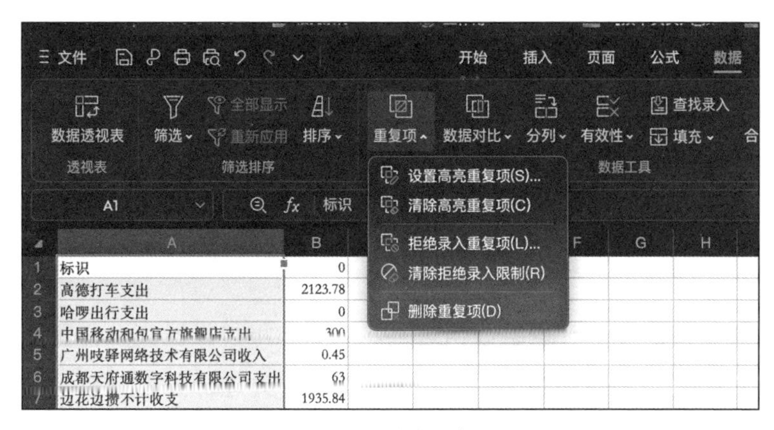

图 5-23　删除重复项

7）在工作表（Sheet2）第二列中输入公式“=SUMIFS(Sheet1!F:F, Sheet1!H:H, A:A)”，如图 5-24 所示。这里解读一下 SUMIFS 函数，第一个参数“(Sheet1! F:F)”对应 Sheet1 中的“金额”列，而“ Sheet1!H:H”对应 Sheet1 中的“唯一标识”列，“A:A”就是去掉重复项的标识列。

图 5-24　输入公式

至此，对于支付宝流水数据的准备工作已经完成。用同样的思路可以完成微信流水数据的准备工作。

5.1.3　分析收支数据

1）将处理后的支付宝和微信流水数据复制到一个新的 Excel 文件上，并上传到 DeepSeek 中，如图 5-25 所示。

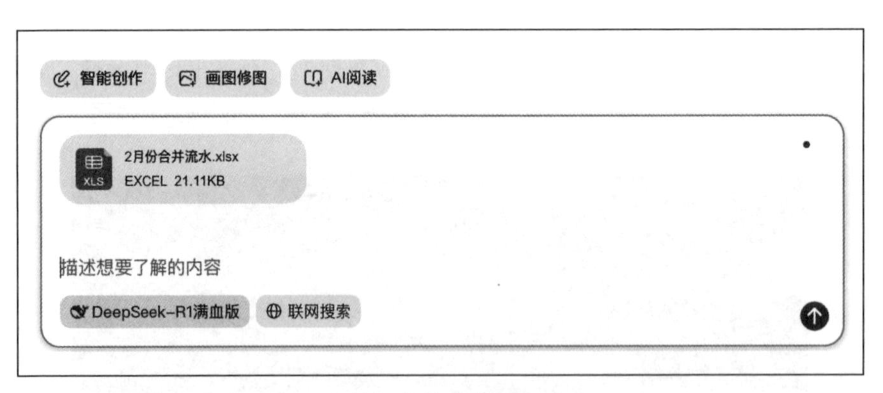

图 5-25　将数据文件上传到 DeepSeek 中

2）现在我们可以对这组数据进一步分析，可以设置多个分析维度，比如，对收入和支付情况进行合计，且按业务种类进行分类分析，如图 5-26 所示。

图 5-26　设置分析维度

3）为了完善数据分析，笔者进一步提问 DeepSeek。提示词如下：

请逐行计算总收入和总支出，注意将“不计收支类型”记录为支出，但金额低于 100 的项不用输出。列出：收入一共有多少项，合计金额为多少，分类收入金额为多少；支出一共有多少项，合计金额为多少，分类支出金额为多少。

4）可以看到 DeepSeek 的输出情况，比如：

核心结论：

收入高度集中：生活服务类占总收入 95.3%，头部收入来源（xx1、xx2、xx3）占总额的 86.2%。

支出结构清晰：

食品与餐饮类占比 46.7%（以饿了么为主），出行类占比 32.2%（高德打车）。

大额支出（≥ 100 元）仅 7 项，但覆盖全部支出金额。

数据有效性：过滤后收入项占原始数据的 6.2%，但覆盖总金额的 99.2%；支出项占原始数据的 7.8%，覆盖总支出的 100%。

同时，为了方便处理，我们也可以用 WPS 工具自带的 AI 分析能力。具体来说，在 WPS 中打开之前合并 Excel 文件，单击菜单栏右上方的“AI 数据分析”功能，就可以跟 WPS AI 进行对话了。

可以让 AI 按要求进行数据处理，比如“按照收入和支出，对数据进行分类统计”或者“请列出收入的 Top 10”等，如图 5-27 和图 5-28 所示。

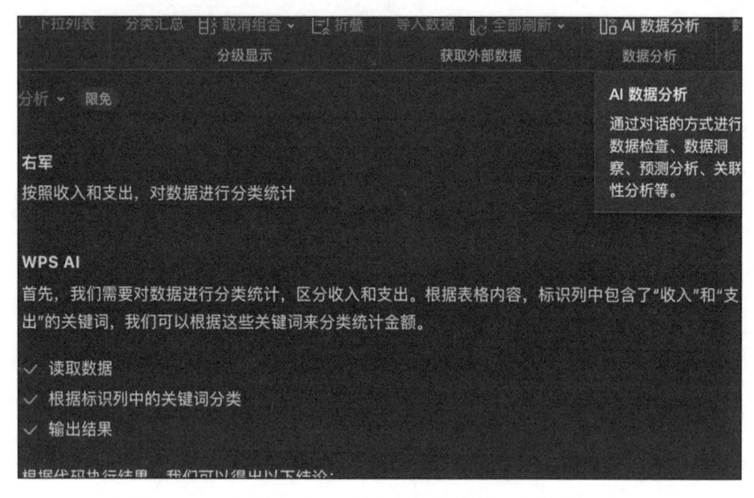

图 5-27　按照收入和支出，对数据进行分类统计

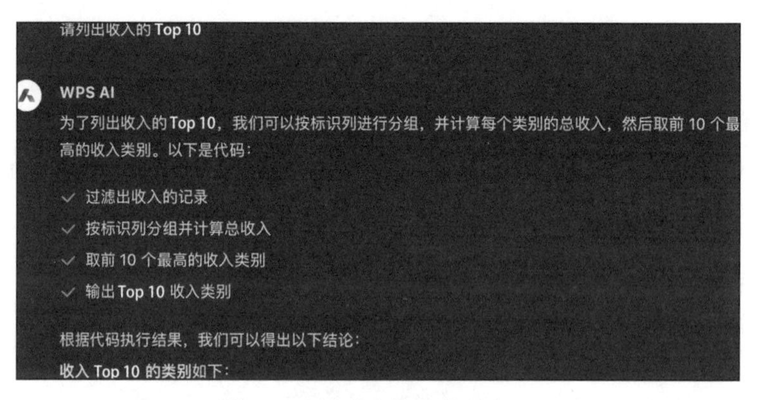

图 5-28　请列出收入的 Top 10

5.2　分析装修方案

DeepSeek-R1 模型有一个强大的能力，就是帮你做决策判断。很多家庭在装修时，要不就是全包给装修公司，要不就是自己去协调各个施工队和工种。如果自己亲力亲为，时间成本其实很高，比如要进行装修报价单的比较。有了 DeepSeek 之后，这事就变得方便了很多。

继续使用 DeepSeek 的百度集成版本（https://chat.baidu.com），本案例用了

2 家公司的装修报价单。笔者用 DeepSeek 的图片上传功能完成“装修报价单 1”（即装修方案 1）的上传，并让 DeepSeek 完成文字提取，如图 5-29 所示。

图 5-29　上传并提取文字

DeepSeek 很给力，马上就提取出了装修报价单 1 的内容：

装修报价单 1

一、基础工程

1. 砌墙：100 元 / 平方米左右

2. 打墙：30 元 / 平方米左右

3. 墙面水泥批荡：15 元 / 平方米左右

二、吊顶板块

1. 石膏板平面顶（包工包料）：90 元 / 平方米左右

2. 石膏板造型顶（包灯池造型顶）(包工包料)：130 元 / 平方米

3. 石膏板线形吊顶（包工包料)：80 元 / 延米左右

4. 铝扣板吊顶（包工包料)：110 元 / 平方米左右

5. 铝扣板吊台阶（包工包料)：80 元 / 延米左右

6. 塑钢板吊顶（包工包料)：80 元 / 平方米左右

7. PVC 吊顶（包工包料)：60 元 / 平方米左右

三、泥水工程

1. 贴地脚线：13 元 / 米左右（人工）

2. 门槛大理石铺制：38 元 / 条左右（人工）

3. 地面找平工程：30 元 / 平方米左右

4. 地砖铺贴：38 元 / 平方米左右（纯人工）

5. 铺大理石：60 元 / 平方米左右（人工）

6. 铺拼花大理石：80 元 / 平方米左右（人工）

7. 窗台铺大理石（20 公分宽平窗)：30 元 / 条左右（人工）

8. 墙面贴瓷片：8 元 / 平方米左右

继续用这个方法上传“装修报价单 2”（即装修方案 2），DeepSeek 也给出了对应的结果。装修报价单 2 如图 5-30 所示。

对于装修报价单 2，DeepSeek 提取的内容如下：

装修报价单 2

一、基础拆改

1. 拆除墙体：45 ～ 58 元 /m^2

2. 拆除地板：5 ～ 10 元 /m^2

3. 新建墙体：150 ～ 200 元 /m^2

4. 垃圾清理：10 ～ 35 元 /m^2

5. 泥子[㊀]铲除：10 ～ 18 元 /m^2

㊀ 即腻子，腻子为旧称。——编者注

2024年最新装修报价

一、基础拆改
1.拆除墙体：45—58元/m2
2.拆除地板：5—10元/m^2
3.新建墙体：150—200元/m2
4.垃圾清理：10—35元/m^2
5.腻子铲除：10—18元/m^2
二、水电改造
1.强电：25元/延米
2.弱电：35元/延米
3.电改造：30—35元/m
4.水改造：30—45元/m
5.下水安装：60元/米
6.电线：100—280元/卷
7.开关插座：8—30元/个
8.防水防潮工程：40元/m2
9.暗管开槽+封槽：30元/m2
三、泥瓦
1.地砖铺贴：40—70元/m
2.墙砖铺贴：40—60元/m2
3.地面找平：30—45元/m
4.防水涂刷：75—90元/m
5.炭渣回填：190—210元/m
6.陶粒回填：280—300元
7.门槛石铺贴：55—85元/m
8.水泥：40元/袋
9.沙子：200元/方
10.贴地脚线：13元/米
11.砖踢线：15元/米（人工）
12.弱电：35元/延米
四、油漆
1.乳胶漆：200—450元/L
2.乳胶漆调色：200元/项
3.乳胶漆涂刷：10—16元/m^2
4.墙体扇灰：8元/m2
5.色漆超出增加费：200元/种
6.墙面冲筋：18元/m
7.贴墙纸：25元/m
8.油工小料包：200元7次左右
9.暗管开槽+封槽：30元/m
五、吊顶
1.石膏板造型顶：160元/m2
2.天花板石膏阴角线：68元/m2
3.铝扣板吊顶：10元/m^2
4.石膏板平面顶：90元/m^2
5.钢塑板吊顶：90元/mm2
6.PVC:60元/m2
六、橱柜
1.衣柜柜体：560元/m
2.鞋柜柜体：560元/m
3.实体橱柜：2200—4100元/延米
4.吸塑橱柜：1100—1800元/延米
5.油烟：2000—4000元
6.双饰面橱柜：900—1600元/延米

图 5-30 装修报价单 2㊀

二、水电改造

1. 强电：25 元 / 延米

2. 弱电：35 元 / 延米

3. 电改造：30 ～ 35 元 /m

4. 水改造：30 ～ 45 元 /m

5. 下水安装：60 元 / 米

6. 电线：100 ～ 280 元 / 卷

㊀ 图 5-30 为真实报价单，报价单中存在一些单位的拼写错误和不规范之处，大模型能发现并校正其中绝大部分错误和不规范之处，这也是大模型处理能力的体现。因此未对原图内容加以校正和修改，好让读者有一个直观的感受。

三、泥瓦

1. 地砖铺贴：40～70元/m^2

2. 墙砖铺贴：40～60元/m^2

3. 地面找平：30～45元/m^2

4. 防水涂刷：75～90元/m^2

四、油漆

1. 乳胶漆：200～450元/L

2. 乳胶漆调色：200元/项

3. 乳胶漆涂刷：10～16元/m^2

4. 色漆超出增加费：200元/种

五、吊顶

1. 石膏板造型顶：160元/m^2

2. 天花板石膏阴角线：68元/m^2

3. 铝扣板吊顶：10元/m^2

4. 石膏板平面顶：90元/m^2

5. 钢塑板吊顶：90元/m^2（注：此处原图“mm^2”应为笔误，更正为“m^2”）

六、橱柜

1. 衣柜柜体：560元/m

2. 鞋柜柜体：560元/m

3. 实体橱柜：2200～4100元/延米

4. 吸塑橱柜：1100～1800元/延米

5. 双饰面橱柜：900～1600元/延米

七、其他费用

1. 贴墙纸：25元/m^2

2. 油工小料包：200元7次左右

3. 暗管开槽+封槽：30元/m（注：此处有两项均为“暗管开槽+封槽”，但费用相同，故合并列出）

4. 开关插座：8 ～ 30 元 / 个

5. 防水防潮工程：40 元 /m^2

6. 炭渣回填：190 ～ 210 元 /m^3（注：此处原图“m”应为笔误，更正为“m^3”）

7. 陶粒回填：280 ～ 300 元 /m^3（注：此处原图无单位，应为笔误，更正为“m^3”）

8. 门槛石铺贴：55 ～ 85 元 /m

9. 贴地脚线：13 元 /m

10. 砖踢线：15 元 /m（人工）

注意，DeepSeek 提取的内容顺序和结构与原图有些差异，比如“防水防潮工程”在图中属于“水电项”，而 DeepSeek 识别为“其他费用”，因此需要加上一些检查逻辑的提示词，以保障 DeepSeek 能正确识别输入内容，不仅包括文字的准确性，还有逻辑结构顺序等。

于是，笔者重新上传装修报价单 2，**对提示词进行修正：**

请对图片的文字进行识别和提取，记录为装修报价单 2，请注意文字较多，请完全按照原图顺序识别，比如水电改造 9 项，泥瓦 12 项。

本次 DeepSeek 的回答给笔者带来了惊喜。令人惊喜的是，DeepSeek 对重复数据进行了识别和相应的处理，比如“弱电：35 元 / 延米”在水电和泥瓦部分重复出现。**DeepSeek 的反馈如下：**

装修报价单 2

一、基础拆改

1. 拆除墙体：45 ～ 58 元 /m^2

2. 拆除地板：5 ～ 10 元 /m^2

3. 新建墙体：150 ～ 200 元 /m^2

4. 垃圾清理：10 ～ 35 元 /m^2

5. 泥子铲除：10 ～ 18 元 /m^2

二、水电改造

1. 强电：25元/延米

2. 弱电：35元/延米

3. 电改造：30～35元/m

4. 水改造：30～45元/m

5. 下水安装：60元/m

6. 电线：100～280元/卷

7. 开关插座：8～30元/个

8. 防水防潮工程：40元/m^2

9. 暗管开槽+封槽：30元/m^2

（注：此处“暗管开槽+封槽：30元/m”在原图中出现两次，分别在水电改造和油漆部分，根据原图顺序，此处仅记录一次于水电改造部分）

三、泥瓦

1. 地砖铺贴：40～70元/m^2

2. 墙砖铺贴：40～60元/m^2

3. 地面找平：30～45元/m^2

4. 防水涂刷：75～90元/m^2

5. 炭渣回填：190～210元/m^3

6. 陶粒回填：280～300元/m^3

7. PVC：60元/m^2

8. 门槛石铺贴：55～85元/m

9. 贴地脚线：13元/m

10. 砖踢线：15元/m（人工）

11. 水泥：40元/袋

12. 沙子：200元/方

（注：原图中“弱电：35元/延米”在泥瓦部分重复出现，但根据原图顺序和常理判断，此应为笔误或复制粘贴错误，故在泥瓦部分不再重复记录）

四、油漆

1. 乳胶漆：200 ～ 450 元 /L

2. 乳胶漆调色：200 元 / 项

3. 乳胶漆涂刷：10 ～ 16 元 /m^2

4. 墙体扇灰：8 元 /m^2

5. 色漆超出增加费：200 元 / 种

五、吊顶

1. 石膏板造型顶：160 元 /m^2

2. 天花板石膏阴角线：68 元 /m^2

3. 铝扣板吊顶：10 元 /m^2

4. 石膏板平面顶：90 元 /m^2

5. 钢塑板吊顶：90 元 /m^2（注：原文中“mm^2”应为笔误，更正为“m^2”）

六、橱柜

1. 衣柜柜体：560 元 /m

2. 鞋柜柜体：560 元 /m

3. 实体橱柜：2200 ～ 4100 元 / 延米

4. 吸塑橱柜：1100 ～ 1800 元 / 延米

5. 油烟：2000 ～ 4000 元

6. 双饰面橱柜：900 ～ 1600 元 / 延米

（注：原图中未明确列出橱柜部分的第六项，但根据整体结构和内容推断，此处应已完整记录橱柜部分信息）

但是对于复杂的单据，包含近百项数据，而且是一行两项内容的格式，DeepSeek 的识别还是有不准确的地方，比如“PVC：60 元 /m^2”应该属于吊顶项。笔者需要进行部分人工调整，因此对 DeepSeek 输出结果的确认环节也是必不可少的。

笔者调整后的内容为：

装修报价单2

一、基础拆改

1. 拆除墙体：45～58元/m^2

2. 拆除地板：5～10元/m^2

3. 新建墙体：150～200元/m^2

4. 垃圾清理：10～35元/m^2

5. 泥子铲除：10～18元/m^2

二、水电改造

1. 强电：25元/延米

2. 弱电：35元/延米

3. 电改造：30～35元/m

4. 水改造：30～45元/m

5. 下水安装：60元/m

6. 电线：100～280元/卷

7. 开关插座：8～30元/个

8. 防水防潮工程：40元/m^2

9. 暗管开槽+封槽：30元/m

（注：此处“暗管开槽+封槽：30元/m”在原图中出现两次，分别在水电改造和油漆部分，根据原图顺序，此处仅记录一次于水电改造部分）

三、泥瓦

1. 地砖铺贴：40～70元/m^2

2. 墙砖铺贴：40～60元/m^2

3. 地面找平：30～45元/m^2

4. 防水涂刷：75～90元/m^2

5. 炭渣回填：190～210元/m^3

6. 陶粒回填：280～300元/m^3

7. 门槛石铺贴：55～85元/m

8. 贴地脚线：13 元 /m

9. 砖踢线：15 元 /m（人工）

10. 水泥：40 元 / 袋

11. 沙子：200 元 / 方

（注：原图中“弱电：35 元 / 延米”在泥瓦部分重复出现，此应为笔误或复制粘贴错误，故在泥瓦部分不再重复记录）

四、油漆

1. 乳胶漆：200 ～ 450 元 /L

2. 乳胶漆调色：200 元 / 项

3. 乳胶漆涂刷：10 ～ 16 元 /m^2

4. 墙体扇灰：8 元 /m^2

5. 色漆超出增加费：200 元 / 种

6. 墙面冲筋：18 元 /m

7. 贴墙纸：25 元 /m

8. 油工小料包：200 元 7 次左右

五、吊顶

1. 石膏板造型顶：160 元 /m^2

2. 天花板石膏阴角线：68 元 /m^2

3. 铝扣板吊顶：10 元 /m^2

4. 石膏板平面顶：90 元 /m^2

5. 钢塑板吊顶：90 元 /m^2（注：原图中“mm^2”应为笔误，更正为“m^2”）

6. PVC：60 元 /m^2

六、橱柜

1. 衣柜柜体：560 元 /m

2. 鞋柜柜体：560 元 /m

3. 实体橱柜：2200 ～ 4100 元 / 延米

4. 吸塑橱柜：1100 ～ 1800 元 / 延米

5. 油烟：2000 ～ 4000 元

6. 双饰面橱柜：900 ～ 1600 元 / 延米

下一步动作则是让 DeepSeek 对 2 个装修方案进行比较。复制 2 个装修方案，在前面增加一段提示词：

我家要进行装修，有 2 家公司进行了装修报价，请帮我比较一下。

我们来看看 DeepSeek 的回答：

根据您提供的两家公司报价单，以下从价格对比、项目覆盖范围、重复项及备注提醒三个维度进行详细分析，并提供最终建议。

一、价格对比分析

1. 基础工程

项目	A 公司报价	B 公司报价	差异分析
砌墙 / 新建墙体	100 元 /m^2（砌墙）	150 ～ 200 元 /m^2（新建墙体）	B 公司包含材料可能更全面
打墙 / 拆除墙体	30 元 /m^2（打墙）	45 ～ 58 元 /m^2（拆除墙体）	B 公司含垃圾清理费用?
墙面水泥批荡	15 元 /m^2	泥子铲除 10 ～ 18 元 /m^2	工艺不同，需确认具体内容

2. 吊顶工程

项目	A 公司报价	B 公司报价	差异分析
石膏板平面顶	90 元 /m^2（包工包料）	90 元 /m^2（包工包料）	价格一致
铝扣板吊顶	110 元 /m^2（包工包料）	10 元 /m^2（包工包料）	B 公司价格异常低，需核实
PVC 吊顶	60 元 /m^2	60 元 /m^2	价格一致

3. 泥水工程

项目	A 公司报价	B 公司报价	差异分析
地砖铺贴	38 元 /m^2（纯人工）	40 ～ 70 元 /m^2（可能含材料）	B 公司范围更广，但单价高
墙面贴瓷片	8 元 /m^2（纯人工）	40 ～ 60 元 /m^2（可能含材料）	B 公司含材料费用
地面找平	30 元 /m^2	30 ～ 45 元 /m^2	B 公司浮动范围更大

4. 其他重点差异

水电改造：B 公司报价更系统（如强电 25 元 / 延米），A 公司未提及水电项目。

油漆工程：B 公司包含乳胶漆、贴墙纸等，A 公司未覆盖。

橱柜定制：仅 B 公司提供（衣柜柜体 560 元 /m，实体橱柜 2200 ～ 4100 元 / 延米）。

二、项目覆盖范围对比分析

项目大类	A 公司覆盖情况	B 公司覆盖情况
基础拆改	砌墙、打墙、墙面批荡	拆除、新建、垃圾清理等
水电改造	未提及	强电、弱电、防水等 9 项
吊顶工程	7 项（含多种材料）	6 项（含重复项需核实）
泥水工程	8 项（纯人工为主）	11 项（含材料及回填）
油漆工程	未提及	9 项（含墙面处理）
橱柜定制	未提及	6 项（衣柜、橱柜等）

结论：

B 公司项目覆盖更全面（尤其水电、油漆、橱柜），适合需要一站式服务的业主；A 公司专注于基础、吊顶和泥水。

三、重复项及备注提醒分析

1. 暗管开槽 + 封槽：B 公司在水电改造和油漆部分重复出现，需核实是否为笔误。

2. 铝扣板吊顶价格异常：B 公司报价 10 元 /m^2（远低于市场价），可能单位错误（如应为 110 元 /m^2）。

3. 材料范围模糊：A 公司泥水工程标注“纯人工”，B 公司未明确材料，需确认相关信息以避免后期增项。

四、综合建议

1. 如果选择 B 公司：

需要覆盖全屋装修（含水电、油漆、橱柜）；

对材料品质有明确要求（如防水涂刷 75 ～ 90 元 /m^2）；

接受部分项目需核实价格真实性（如铝扣板吊顶）。

2. 如果选择A公司：

仅需基础拆改、吊顶和简单泥水工程；

预算有限且无须改造水电；

可自行采购主材（如瓷砖、乳胶漆）。

3. 注意事项：

要求两家公司明确“包工包料”的具体材料品牌和工艺标准；

重点核实B公司低价项目（如铝扣板吊顶）是否存在漏项或单位错误；

对比合同中的增项条款，避免后期加价。

曾经装修过房子的业主不难发现，DeepSeek还是非常专业和仔细的，比如对“A公司泥水工程标注纯人工，B公司未明确材料”进行了有效识别，并给出了具体的建议，要求两家公司明确“包工包料”的具体材料品牌和工艺标准。

本章举了2个非常接地气的例子，其实DeepSeek用于数据分析和数据处理的场景无处不在。比如，HR对员工数据进行分析，销售人员对订单数据趋势进行分析，财务人员采用DeepSeek对资产负债表、现金流量表进行一些合理性检查，等等。AI不会淘汰人，但是不可否认的是，掌握DeepSeek和其他AI工具必将使其事半功倍。

|第6章| CHAPTER

DeepSeek 赋能自媒体内容创作

DeepSeek 正在成为自媒体创作的强大助力，并重新定义内容创作的边界。它携手海绵音乐，提供了便捷的智能音乐解决方案；与剪映的结合，让图文视频的生产变得轻而易举，10 分钟内即可完成高质量输出；与可灵 AI 的联动，进一步提升了 AI 视频的品质。这些创新组合不仅有效解决了传统创作中素材短缺和同质化的问题，还激发了像“人机协作创作”和“创意内容策划”这样新颖的创作方式。创作者在这里既是导演，也是 AI 训练师，通过输入提示词将自己的创意和风格融入 AI 创作中，能够高效地创造出有灵魂的爆款内容。

6.1 DeepSeek + 海绵音乐：创作 AI 音乐

在音乐创作领域，AI 技术正掀起一场前所未有的变革，重塑着创作的每一个环节。作为字节跳动推出的 AI 音乐创作平台，海绵音乐凭借其强大的 AI 生成能力，为创作者提供了一种高效、便捷且个性化的音乐创作体验。

海绵音乐内部集成了 AI 创作功能，能够快速将灵感转化为完整的音乐作品。不过在本节案例中，我们将先通过 DeepSeek 生成歌词，再结合海绵音乐创作旋律，这一方式不仅更具普遍性，还展示了 AI 工具协同创作的灵活性。例如，DeepSeek 还可以与 Suno 等其他音乐创作工具结合使用，实现更多样化的创作效果。

6.1.1 AI 音乐的定义、特点与应用

在当下科技与艺术交织的浪潮中，音乐创作也迎来了一场深刻变革。下面将从 AI 音乐的定义、特点（优势与局限性）以及在不同场景中的应用展开介绍。

1. AI 音乐的定义

AI 音乐是一种借助 AI 技术进行创作的音乐形式。它通过分析海量音乐数

据，学习不同风格和情感的表达方式，从而生成符合创作者需求的旋律、歌词和风格。创作者只需输入简单的描述，比如“温暖的流行旋律”或“带有复古风格的歌词”，AI 就能快速生成相应的音乐内容。简单来说，AI 音乐就像是一个智能作曲家，能够根据创作者的指令快速创作出音乐作品。

2. AI 音乐的优势与局限性

AI 音乐凭借其高效性和灵活性，正在成为音乐创作领域的新宠。其具体优势如下：

1）高效创作：AI 能够在短时间内快速生成音乐作品，包括旋律、和弦和歌词，大幅节省创作时间和精力。

2）个性化定制：根据创作者输入的主题、风格或情感需求，AI 可以生成高度定制化的音乐，满足不同场景和风格的要求。

3）灵感启发：当创作者面临创作瓶颈时，AI 音乐可以提供丰富的创意和灵感，帮助探索新的音乐风格和表现形式。

4）降低门槛：即使没有音乐方面的专业知识或创作经验，创作者也能借助 AI 工具快速实现音乐创作，使音乐创作变得更加亲民。

5）智能匹配：AI 能够根据歌词内容或风格描述智能生成匹配的旋律与编曲，减少创作者寻找合适素材的时间。

然而，尽管 AI 音乐带来了诸多便利，它在实际应用中也存在一些局限性：

1）创作深度有限：AI 生成的音乐虽然在技术上较为成熟，但在情感深度和艺术性上可能不如人类创作者的作品。

2）定制化程度受限：虽然 AI 可以生成多种风格的音乐，但在某些复杂或独特的创作需求下，其灵活性仍不如专业音乐人的手工创作。

3）依赖输入质量：AI 音乐的生成效果高度依赖输入的描述或歌词质量，输入信息不准确可能导致生成的音乐不符合预期。

4）版权和原创性问题：AI 生成的音乐可能涉及版权归属和原创性争议，创作者需要谨慎处理这些问题。

3. AI 音乐的应用

AI 音乐的应用非常广泛，比如：

1）影视配乐：AI 可以快速生成适合电影、电视剧或广告的背景音乐，让画面更有感染力。

2）游戏音乐：AI 可以根据游戏场景的变化，实时生成匹配的音乐，让玩家更有沉浸感。

3）短视频：创作者可以用 AI 音乐为视频配上合适的背景音乐，让内容更吸引人。

4）音乐教育：AI 可以生成简单的旋律和节奏，帮助初学者更好地学习音乐。

5）个人创作：即使不懂乐理，也可以用 AI 生成音乐，表达自己的情感。

6.1.2 DeepSeek 生成创意歌词

基于上述 AI 音乐的技术特性，当代创作者正在探索人机协同的新模式。下面将以青春校园题材创作为例，通过 DeepSeek 的创意生成与海绵音乐的旋律生成能力，实现从灵感构思到完整作品的高效转化。

1. 前期准备工作

1）注册并登录 DeepSeek 官网或 App。

2）注册海绵音乐账号：打开海绵音乐官网（https://www.haimian.com），单击“登录”按钮，按照提示填写相关信息，完成账号登录。

2. 明确主题和风格

在创作之前，明确主题和风格是关键。这里选择以“青春校园”主题作为示例。校园生活本身充满丰富多彩的场景和故事，能为歌词创作提供丰富的素材。同时，青春校园题材能够唤起人们对学生时代的美好回忆，使人充满怀旧与憧憬的情感。

1）主题设定：青春校园。目标是唤起人们对校园生活的美好回忆，表达对那段时光的珍惜和对未来的憧憬。

2）核心元素：教室、操场、图书馆、毕业照、课桌、纸飞机等。这些元素贯穿歌词，展现校园生活的点滴，体现青春的纯真与美好。

3. 创作创意歌词

进入 DeepSeek 官网，在对话框中输入：

我想创作一首关于“青春校园”的歌曲，希望它能够唤起人们对校园时光的回忆和怀念。歌词中可以融入一些校园生活的场景，比如教室、操场、图书馆等，表达对那段美好时光的珍惜和对未来的憧憬。曲风选择以下风格中的一种：国风、嘻哈、流行、摇滚、民谣、R&B、朋克、电子、爵士、雷鬼、DJ。结构按以下形式组合：前奏、主歌、副歌、桥段、副歌、间奏、主歌、尾奏。最后只输出歌名、曲风和歌词。

DeepSeek 输出：

歌名：《纸飞机与课桌诗》

曲风：民谣

（前奏）

（主歌A）

粉笔末在晨光里跳舞

投影仪投出时光的刻度

橡皮擦改错了答案

却擦不去你马尾辫的弧度

操场蝉鸣穿过铁网锈斑

汽水瓶折射七色光斑

图书馆的旧书签

夹着那年未说出口的早安

（副歌）

我们数着钟摆的摇晃

把心事折成纸鹤的形状

黑板报褪色的高考倒计时

在毕业照里长出翅膀

（桥段）

教导主任没收的小说还在流浪

值日表上名字被风刮向远方

梧桐叶又落满长廊

这次没人再嫌打扫太忙

（副歌）

我们数着钟摆的摇晃

把心事折成纸鹤的形状

黑板报褪色的高考倒计时

在毕业照里长出翅膀

（间奏）

（主歌 B）

校服背面签名的油墨香

随单车铃声飘过奶茶坊

月考卷折的纸船

还停泊在雨季涨潮的池塘

6.1.3 海绵音乐生成歌曲

在用 DeepSeek 完成歌词创作后，只需三步就能将文字转化为完整歌曲：自定义写词（导入歌词）、设置参数和生成音乐。下面将具体演示如何通过海绵音乐将 AI 生成的歌词与旋律智能匹配，最终输出完整的音乐作品。

1. 自定义写词

进入海绵音乐主页后，单击“创作”按钮，选择“自定义写词”功能。接着，将 DeepSeek 生成的歌词复制并粘贴到歌词输入框中。若觉得歌词需要进一步润色或优化，则可单击右下角的“ AI 写词”选项。尽管不确定该功能是否接入了 DeepSeek，但它具备强大的优化能力，能够对歌词进行深度思考和调整。海绵音乐的创作界面如图 6-1 所示。

图 6-1 海绵音乐的创作界面

2. 设置参数

在海绵音乐的创作界面中，根据 DeepSeek 生成的歌词内容，设置相关参数如下：

1）曲风：根据歌词的风格选择对应的曲风，例如“民谣”。

2）心情：依据歌曲的主题选择相应的心情，例如“浪漫”。

3）音色：根据主题和曲风选择合适的音色，例如“类型”选择“女声”，“特征”选择“温暖”。

3. 生成音乐

完成参数设置后，单击“生成音乐”按钮，生成的音乐作品会自动保存在“创作历史”中。系统会根据同一歌词生成三首不同编曲版本的歌曲，以供选择和对比。海绵音乐的创作历史界面如图 6-2 所示。

图 6-2　海绵音乐的创作历史界面

4. 保存视频

试听并筛选出满意的歌曲后，单击“下载视频”按钮即可将歌曲下载为视频格式。在视频中，会显示一张静态图片，同时歌词会逐行滚动显示，与音频同步播放。具体效果如图 6-3 所示。

图 6-3 最终音乐视频效果

6.2 DeepSeek + 剪映：生成图文视频

在当今快节奏的内容创作时代，DeepSeek 与剪映的结合为图文视频制作提供了高效的解决方案。本节将介绍如何利用 DeepSeek 生成高质量的创意文案，并结合剪映的“图文成片”功能，快速生成吸引人的内容。从前期准备到文案创作，再到剪映中的视频生成与优化，本书案例将一步步展示如何通过这一工具组合提升创作效率，让创作者轻松应对素材不足的挑战，高效产出适合自媒体平台分享的图文视频。

6.2.1 图文视频的定义、特点与应用

下面将围绕图文视频，依次介绍其定义、特点（优势与局限性），以及在不同场景中的应用。

1. 图文视频的定义

图文视频是一种将文字、图片与动态效果相结合的多媒体形式，能够以直观且生动的方式传递信息。它类似于动态 PPT，例如，将校园操场的静态图片配上文字“毕业季的篮球赛”，再添加转场动画和背景音乐，使静态的素材以动态的方式进行展示，让内容瞬间变得鲜活起来。简而言之，图文视频通过“图片 + 文字 + 动态播放”的形式，快速清晰地讲述一件事。这种形式既高效又生动，能够增强观众的理解和参与感，让信息传递更加直观。

2. 图文视频的优势与局限性

图文视频凭借其高效性和易用性，成为创作领域的热门选择，剪映在这方面表现尤为突出。图文视频的具体优势如下：

1）高效生成：只需输入文字，即可自动生成视频，包括图片匹配、字幕添加和背景音乐。

2）操作简单：用户无须使用复杂的剪辑技巧，即可快速完成视频制作。

3）高度定制：支持用户调整图片顺序、字幕样式、背景音乐等，满足个性化需求。

4）免费使用：基础功能免费，适合新手快速上手。

5）智能匹配：能够根据文字内容智能匹配相关图片和音乐，节省寻找素材的时间。

然而，尽管优势明显，图文视频在实际应用中也存在一些局限性：

1）素材匹配度有限：在某些场景下，自动匹配的图片可能与文字内容相关性不高，需要用户手动替换。

2）定制化程度受限：虽然支持部分编辑，但相比于手动剪辑，灵活性仍不足。

3）依赖文案质量：生成效果高度依赖输入的文案质量，文案质量不佳可能导致视频效果差。

3. 图文视频的应用

图文视频作为一种高效的内容创作形式，尤其适用于素材不足，例如无法实地拍摄或缺乏相关视频素材的情况。它通过文字、图片、背景音乐和旁白的结合，弥补了传统视频制作中对大量素材的依赖，同时保持了内容的丰富性和吸引力。以下是其在不同场景中的应用：

1）知识科普：通过文字讲解与相关图片展示，帮助观众更好地理解复杂概念。

2）故事讲述：用文字串联情节，搭配场景图片或视频，增强故事的感染力。

3）产品介绍：展示产品图片或使用场景，结合文字说明，突出产品特点。

4）旅游攻略：介绍景点的文字搭配实景图片，让观众提前感受旅游目的地的魅力。

5）社交媒体内容：快速生成适合抖音、bilibili 等平台的短视频，吸引用户关注。

6.2.2 DeepSeek 生成创意文案

DeepSeek 具备强大的推理能力和深度理解用户需求的能力，能通过逻辑推理和多轮对话，精准把握用户需求，生成高质量、个性化的文案。与剪映自带的“智能写文案”功能相比，DeepSeek 能生成包含细节描绘和创意结构的文案，从而有效提升图文成片的匹配度和视频整体效果。此外，DeepSeek 的推理能力使其能够处理复杂的创作需求，从而更好地满足创作者在不同场景下的诉求。

1. 前期准备工作

1）注册并登录 DeepSeek 官网或 App。

2）下载并安装剪映软件。剪映是一款功能强大的视频编辑软件，支持手机端和 PC 端。在 PC 端访问剪映官网（https://www.capcut.cn），单击“立即下载”按钮，根据系统类型（如 Windows 或 Mac OS）选择合适的版本进行安装。

2. 明确主题和风格

这里选择以“旅游攻略”主题作为示例。一方面，图文成片能够快速生成高质量的旅游攻略视频，帮助观众提前感受旅游目的地的魅力，同时节省创作时间和精力。另一方面，以旅游攻略为主题的图文成片，通常能自动匹配到相关性较高的图片，进一步提升视频的呈现效果和专业性。

1）主题设定：旅游攻略。目标城市为深圳——一座融合现代科技与自然生态的活力之城。

2）核心元素：现代化、改革开放、自然生态、科技感。以上元素贯穿整个攻略视频，展现深圳的多元魅力，体现这座城市的创新与活力。

3. 创作创意文案

进入DeepSeek官网，在开始对话中输入：

写一篇深圳旅游特色景点介绍。语言风格：轻松、生动、富有吸引力。核心元素：现代化、改革开放、自然生态、科技感。要求：选择深圳的五个标志性景点，突出每个景点的独特魅力和特色。内容结构：开场（50字左右），景点介绍（每个景点100字左右），结尾（50字左右）。

DeepSeek输出结果示例如下：

作为中国最具活力的创新之都，深圳不仅承载着改革开放的先锋精神，更以多元化的文旅体验吸引全球游客。以下五大特色景点将带您感受这座城市的独特魅力：

作为深港文化发源地，这座始建于东晋的古城墙内藏着1700年岭南文明密码。漫步青石板路，可触摸明代新安衙署遗址，在东莞会馆探秘清代商帮文化，现代艺术展馆与非遗工坊的穿插设计，让历史与现代展开跨时空对话。夜幕下的灯光秀以古城墙为幕布，演绎《深圳故事》数字光影剧，堪称文化活化典范。

由旧花卉市场蜕变的主题街区，将北欧建筑美学融入城市肌理。标志性风车与运河构成明信片级景观，梵高主题咖啡馆提供艺术下午茶，每周举办的鲜花拍卖会让游客体验荷兰式交易乐趣。特别推荐植物盲盒体验馆，游客可亲手培育来自五大洲的稀有花卉种子。

旧工厂改造的艺术聚落里，集装箱画廊与钢铁装置形成强烈工业美感。每月首个周六的 T 街创意市集聚集 200 多位独立设计师，从赛博朋克首饰到 AI 生成画作，展现深圳创新基因。OCT-LOFT 国际壁画节留下的巨型墙绘，已成为年轻人的热门打卡坐标。

这条 19.5 公里的生态长廊包含三大景观带：礁石区可观察潮间带生物，悬空玻璃观景台距海面 30 米，帆船基地提供 OP 级帆船教学。特别推荐夜光跑道，它采用蓄光材料铺就，入夜后呈现星河入海的奇幻效果，配套的智能运动驿站可实时分析体能数据。

邓小平雕像广场是纵览 CBD 天际线的绝佳点位，每周三晚的市民交响乐演出与无人机编队表演交织成艺术盛宴。东南侧的城市记忆博物馆用 AR 技术复原深圳村落变迁，而山脚下的关山月美术馆常设数字水墨展，实现传统艺术的当代转译。

这五大景点构成深圳文旅的立体拼图，从历史纵深到未来想象，从自然馈赠到人文创造，每个空间都承载着城市进化密码。通过原文链接可以解锁更多深度玩法，开启属于您的特区探索之旅。

6.2.3　剪映图文成片

在通过 DeepSeek 生成创意文案后，利用剪映的“图文成片”功能可一键将文字智能化匹配网络图片，然后自动转化为动态视频，实现从文案到视频的智能跨越。

1. 添加文案

打开剪映，单击“图文成片”。该功能入口如图 6-4 所示。

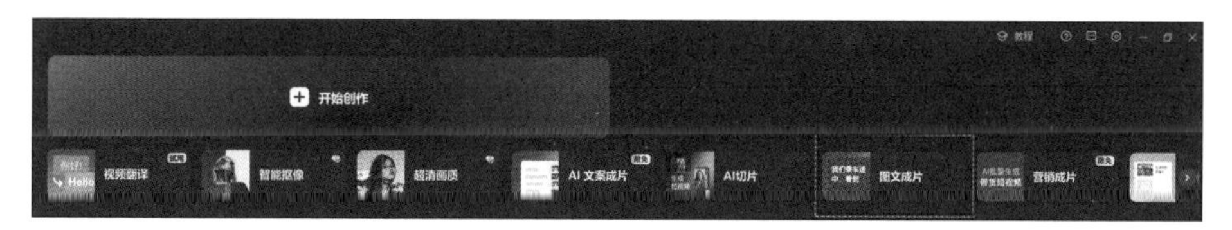

图 6-4　剪映“图文成片”功能入口

2. 生成视频

选择“自由编辑文案”，并将 DeepSeek 生成的创意文案复制粘贴在输入框中，然后单击“生成视频”按钮。操作界面如图 6-5 所示。

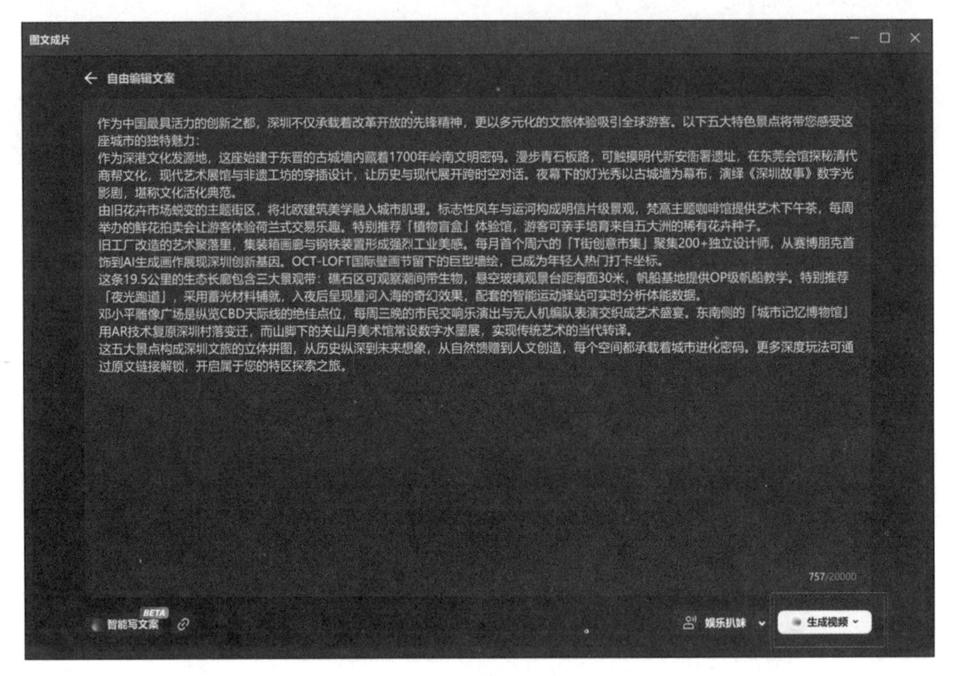

图 6-5 “自由编辑文案”界面

3. 剪辑优化

通常情况下，等待 30 秒至 1 分钟，视频即可生成。可见视频中自动导入了图片、背景音乐、旁白配音及字幕等。一般自动生成的视频整体还需要优化，具体操作如下。

1）素材替换：检查并替换匹配度低或相关性不足的图片，增强视频的真实感和专业性。

2）特效添加：为文字和画面添加动态特效，如关键帧缩放、淡入 / 淡出等，提升视频的视觉冲击力。

3）音乐调整：从剪映的音乐库中选择与视频内容风格更匹配的背景音乐，

增强氛围感。

剪映图文成片的最终效果如图 6-6 所示。

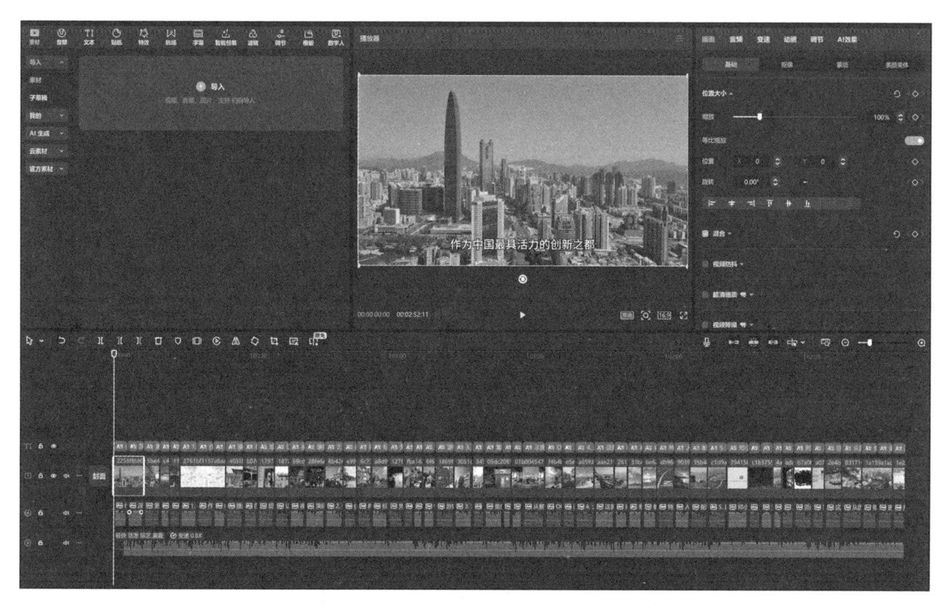

图 6-6　图文成片效果示例

6.3　DeepSeek + 可灵 AI：优化 AI 视频创作

在短视频风靡的时代，AI 视频创作凭借高效、个性化的特点迅速崭露头角，成为自媒体平台内容创作的新潮流。它不仅能快速满足海量的视频创作需求，还能以智能化手段突破传统制作的瓶颈。DeepSeek 与可灵 AI 的结合，正是这一趋势下的创新典范。它们通过智能化的脚本生成和高质量的图像、视频制作，为创作者提供了一站式的解决方案，让复杂、烦琐的创作过程变得简单且高效。

6.3.1　DeepSeek 生成分镜头脚本

在视频创作中，分镜头脚本是整个作品的骨架，它决定了视频的节奏、画面内容和情感表达。DeepSeek 凭借强大的语言生成能力，能够快速生成精准的分镜头脚本，极大地提升创作效率。只要输入简洁的需求描述，DeepSeek 就可以输出详细的脚本内容，包括场景、时间、画面描述和旁白文案。DeepSeek 甚至能根据需求进一步优化画面描述，使其更符合生成图像或视频的语法。

1. 前期准备工作

1）注册并登录 DeepSeek 官网或 App。

2）下载并安装剪映软件（具体步骤前面已介绍）。

3）注册可灵 AI 账号：打开可灵 AI 官网（https://klingai.kuaishou.com），单击“注册”按钮，按照提示填写注册信息。注册完成后，登录账号。

2. 明确主题和风格

这里选择以“王家卫风格的视频短片”主题作为示例，旨在展示 DeepSeek 与可灵 AI 在视频创作领域的强大功能和广泛应用。同时，王家卫导演的作品风格独特、情感丰富且易于识别，特别适合借鉴学习。

1）主题设定：18 岁女孩摄影写真，风格为复古港风，灵感来源于王家卫电影《重庆森林》。

2）核心元素：复古港风、霓虹灯光、潮湿氛围、孤独感、电影胶片质感。以上元素非常适合表现一种怀旧且深情的氛围。

3. 创作脚本需求描述

打开 DeepSeek 官网，进入文本生成模块（开始对话），输入需求：

> 生成一个 20 秒的短片脚本，主题为 18 岁女孩摄影写真，复古港风，王家卫电影《重庆森林》风格，包含 4 个场景，每个场景 5 秒，输出为表格形式，包含场景、时间、画面描述和旁白文案。

DeepSeek 会生成表格，用户可以根据自己的需求和创意对输出内容进行调整，最终效果示例见表 6-1。

表 6-1 DeepSeek 生成表格

场景	时间	画面描述	旁白文案
场景一	0 ~ 5s	18 岁少女，蓬松黑卷发，哑光红唇，身着丝绒吊带裙，置身于霓虹灯笼罩的老香港街道。背景有旋转风扇和玻璃窗倒影，青绿色调荧光灯光，35mm 胶片颗粒，浅景深，动态模糊，王家卫电影风格	你知道吗？在这个城市的角落，每个人都在寻找属于自己的出口
场景二	5 ~ 10s	18 岁少女穿酒红色挂脖连衣裙站在霓虹招牌下，侧身回眸，湿发贴着脸颊，红色指甲油与霓虹光斑交织。深夜香港街头，霓虹灯牌“重庆大厦”中英文字样，雨水在玻璃上形成光晕，便利店暖光透过雨帘。高对比度红蓝调，镜头涂抹凡士林的朦胧柔焦效果，雨滴动态模糊处理。	我也是。有时候，我会在深夜的街头迷失
场景三	10 ~ 15s	少女穿黑色垫肩西装与喇叭裤，在老式电梯金属镜面间摆弄口红，镜面多重反射延伸空间，加入轻微镜头眩光，青绿色调荧光灯光，35mm 胶片颗粒，浅景深，动态模糊，王家卫电影风格	看着那些闪烁的霓虹，像是在寻找一个答案
场景四	15 ~ 20s	卷发少女在暴雨中奔跑，透明雨衣下露出格纹连衣裙，躲进老式红色电话亭，面部特写呈现睫毛上的雨滴与霓虹反光；强环境光比，雨水在玻璃上形成扭曲光纹，青绿色调荧光灯光，35mm 胶片颗粒，浅景深，动态模糊，王家卫电影风格	也许，爱情就像一场梦，醒来后，只剩下回忆的轮廓

6.3.2 可灵 AI 生成静态图片

在开始生成视频之前，需要通过可灵 AI 为每个场景生成静态图片。先登录可灵 AI 账号，进入“ AI 图片”模块。根据前面 DeepSeek 生成的场景画面描述，输入每个场景的详细提示词。在参数设置中，根据视频需要上传的播放平台来选择合适的图片比例，例如：如果计划在 PC 端播放，则建议选择图片比例为 16∶9；如果要在视频号或抖音等移动端平台发布，则建议选择图片比例为 9∶16 或 3∶4。这一步将为后续的动态视频生成奠定基础，确保画面比例相匹配。

1. 场景一：霓虹街道

将 DeepSeek 生成的场景一的画面描述输入可灵 AI 的文生图模块中：

18 岁少女，蓬松黑卷发，哑光红唇，身着丝绒吊带裙，置身于霓虹灯笼罩的老香港街道。背景有旋转风扇和玻璃窗倒影，青绿色调荧光灯光，35mm 胶片颗粒，浅景深，动态模糊，王家卫电影风格。

单击“生成”按钮，等待图片生成。生成图片如图 6-7 所示。

图 6-7　场景一的图片制作界面

2. 场景二：深夜街道

将 DeepSeek 生成的场景二的画面描述输入可灵 AI 的文生图模块中：

18 岁少女穿酒红色挂脖连衣裙站在霓虹招牌下，侧身回眸，湿发贴着脸颊，红色指甲油与霓虹光斑交织。深夜香港街头，霓虹灯牌“重庆大厦”中英文字样，雨水在玻璃上形成光晕，便利店暖光透过雨帘。高对比度红蓝调，镜头涂抹凡士林的朦胧柔焦效果，雨滴动态模糊处理。

单击“生成”按钮，等待图片生成。生成图片如图 6-8 所示。

3. 场景三：老式电梯

将 DeepSeek 生成的场景三的画面描述输入可灵 AI 的文生图模块中：

少女穿黑色垫肩西装与喇叭裤，在老式电梯金属镜面间摆弄口红，镜面多重反射延伸空间，加入轻微镜头眩光，青绿色调荧光灯光，35mm 胶片颗粒，浅景深，动态模糊，王家卫电影风格。

图 6-8　场景二的图片制作界面

单击“生成”按钮，等待图片生成。生成图片如图 6-9 所示。

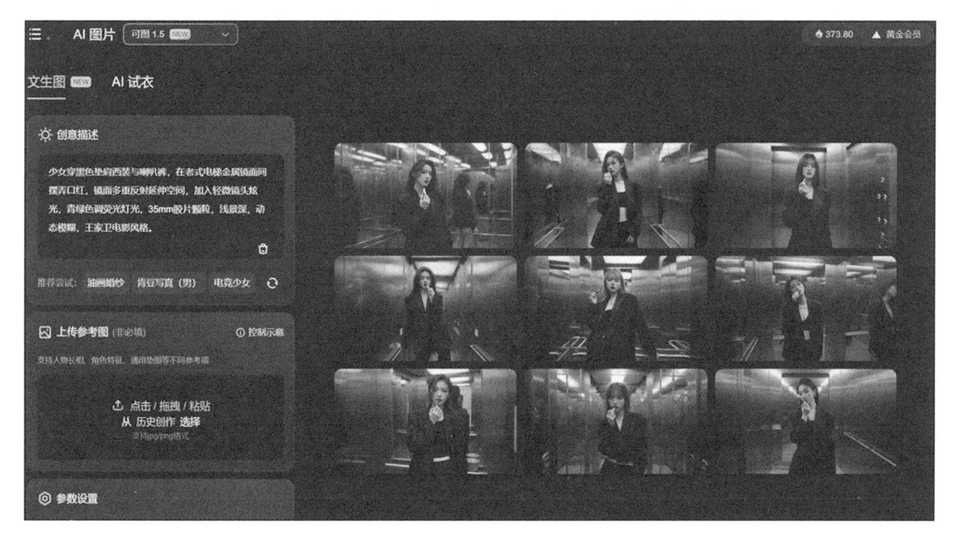

图 6-9　场景三的图片制作界面

4. 场景四：暴雨电话亭

将 DeepSeek 生成的场景四的画面描述输入可灵 AI 的文生图模块中：

卷发少女在暴雨中奔跑，透明雨衣下露出格纹连衣裙，躲进老式红色电话亭，面部特写呈现睫毛上的雨滴与霓虹反光；强环境光比，雨水在玻璃上形成扭曲光纹，青绿色调荧光灯光，35mm 胶片颗粒，浅景深，动态模糊，王家卫电影风格。

单击“生成”按钮，等待图片生成。生成图片如图 6-10 所示。

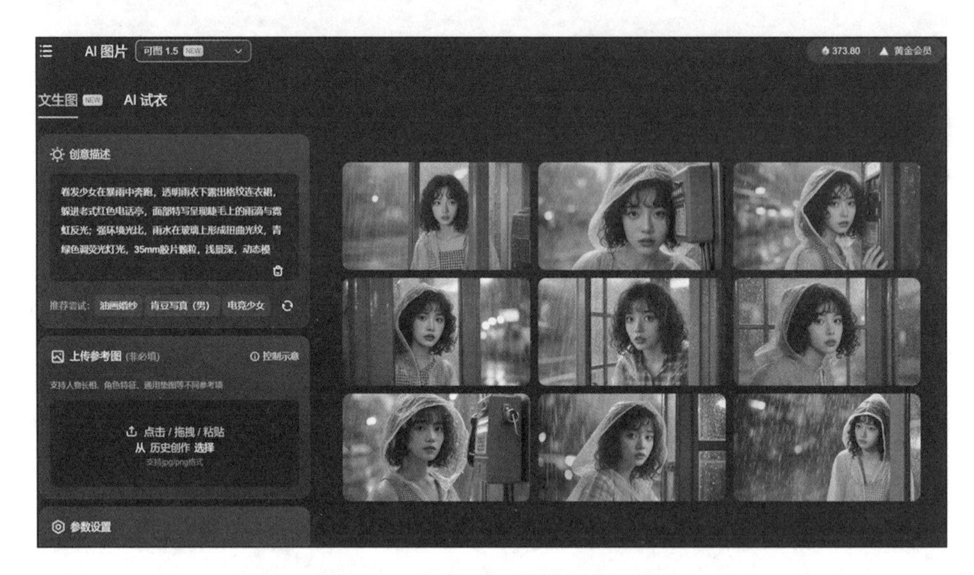

图 6-10　场景四的图片制作界面

6.3.3　可灵 AI 生成动态视频

接下来需要将生成的静态图片转化为动态视频。在可灵 AI 主页依次选择“AI 视频”→“图生视频”→“首尾帧”，同时将下载的静态图片作为视频的首帧图上传。上传图片后，为每个场景输入详细的图生视频提示词。这些提示词同样可以使用 DeepSeek 生成。例如，在之前 DeepSeek 生成的表格后继续追问：

基于以上表格，为每一个场景生成动态描述，使其画面动态效果更丰富，更符合《重庆森林》风格。

1. 场景一：霓虹街道

将 DeepSeek 生成的场景一的动态描述输入可灵 AI 的图生视频模块中：

镜头缓慢拉近，聚焦在女生的双眼，捕捉她眼中的复杂情感，仿佛能感受到她的内心世界。配上一段低沉而略带回响的音乐，如钢琴或萨克斯风，营造出王家卫电影中那种孤独、怀旧又深情的氛围。整体画面色调偏暗，带有复古的暖黄色调，仿佛时间在这里凝固。

单击“生成”按钮，等待视频生成。生成场景一的视频，如图 6-11 所示。

图 6-11　生成场景一的视频

2. 场景二：深夜街道

将 DeepSeek 生成的场景二的动态描述输入可灵 AI 的图生视频模块中：

慢速横移镜头 + 轻微手持晃动效果，霓虹光斑在玻璃上缓慢滑动。雨滴下落速度 0.8x[㊀]，双层巴士驶过时加入动态运动模糊（强度 0.6）。0 ～ 3 秒：人物转头只留下背影；3 ～ 5 秒：霓虹招牌渐显红色溢出光晕。

㊀ x 表示倍速的意思。

单击“生成”按钮，等待视频生成。生成场景二的视频，如图 6-12 所示。

图 6-12　生成场景二的视频

3. 场景三：老式电梯

将 DeepSeek 生成的场景三的动态描述输入可灵 AI 的图生视频模块中：

电梯间灯光闪烁，光线暗淡，女生轻轻眨眼，缓缓放下手臂。

这里可以根据需求精简提示词，同时加入运镜效果。选择提示词右边的“灵感词库”功能，进一步选择并调整运镜效果。

单击“生成”按钮，等待视频生成。生成场景三的视频，如图 6-13 所示。

4. 场景四：暴雨电话亭

将 DeepSeek 生成的场景四的动态描述输入可灵 AI 的图生视频模块中：

雨滴撞击电话亭玻璃的慢镜头、地面积水涟漪扩散、潮湿发梢滴水特写；穿插 4∶3 画幅比例的老式 DV 录像片段，加入磁带卡顿式帧冻结，王家卫风格。

单击“生成”按钮，等待视频生成。生成场景四的视频，如图 6-14 所示。

图 6-13　生成场景三的视频

图 6-14　生成场景四的视频

6.3.4　剪映后期制作

在视频创作的最后一步，剪辑是赋予作品灵魂的关键环节。通过剪映这款强大的工具，我们可以将零散的分镜头片段整合成一个完整的故事，让画面、声音和情感完美融合。通过调整视频顺序、添加旁白和音乐，以及添加特效和调整色彩来增强氛围，使得最终呈现的视频更加生动、专业、充满感染力，能够精准地传达出创作者想要表达的情感和故事。

1. 导入视频片段

打开剪映，单击“新建项目”，选择“素材”标签下的“导入”功能，将前面由可灵 AI 生成的四个视频片段依次导入剪映的时间轴。按照脚本的顺序排列，确保每个片段的时长为 5 秒，总时长为 20 秒。剪映的素材导入界面如图 6-15 所示。

图 6-15　剪映的素材导入界面

2. 添加旁白和字幕

根据 DeepSeek 生成的旁白文案，使用手机或麦克风录制旁白音频。录制完成后，将旁白音频文件导入剪映，并将其拖动到对应视频片段的轨道上。或者，直接使用剪映的配音库。本案例就使用了剪映的配音功能。最后调整旁白音频的音量，确保清晰且不刺耳。剪映的配音界面如图 6-16 所示。

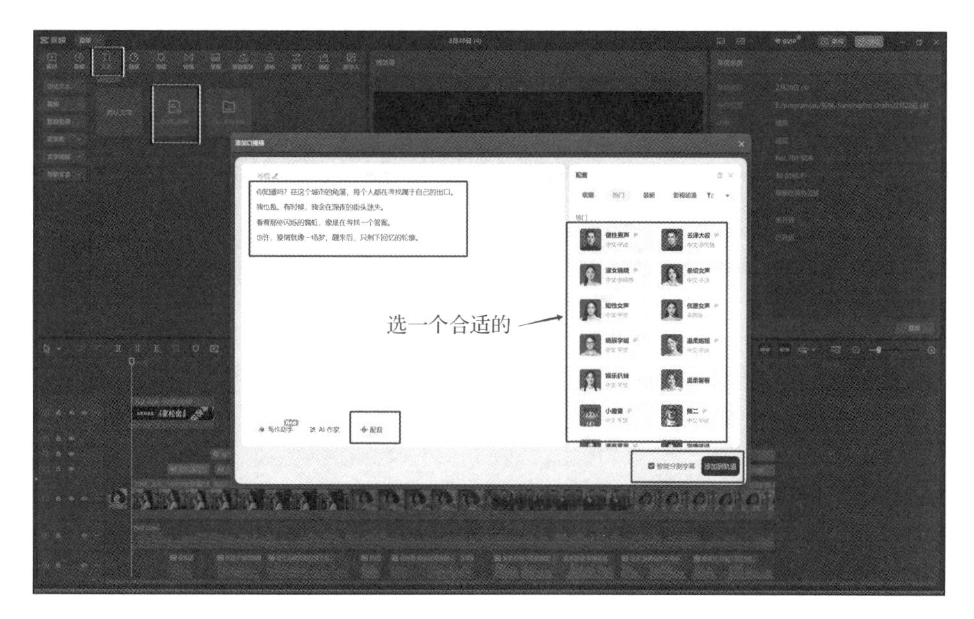

图 6-16　剪映的配音界面

3. 添加背景音乐

在剪映的音乐库中选择符合《重庆森林》风格的背景音乐，如低沉的钢琴曲或萨克斯风音乐。如果剪映自带的音乐库中没有合适的曲目，则可以单击“本地音乐”，导入自己准备的音乐文件。将音乐轨道的音量适当调低，以突出旁白，同时营造出王家卫电影中那种孤独、怀旧又深情的氛围。剪映的音乐库界面如图 6-17 所示。

4. 添加特效或转场效果

为了使视频片段之间的过渡更加自然流畅，可以使用“转场”功能，选择合适的转场效果（如淡入淡出、渐变模糊等）添加到相邻片段之间。注意避免使用过于花哨的转场效果，以免破坏整体的复古港风氛围。对于一些关键画面（如霓虹灯闪烁、光影交错等），可以使用“特效”功能添加光晕、动态模糊等效果，增强画面的视觉冲击力。剪映的特效选择界面如图 6-18 所示。

图 6-17　剪映的音乐库界面

图 6-18　剪映的特效选择界面

5. 调整画面色彩和光效

在剪映中单击“滤镜”功能，选择一款偏暗、带有复古暖黄色调的滤镜，增强画面的整体氛围。如果需要进一步调整色彩，则可以单击“调色”功能，对亮度、对比度、饱和度等参数进行微调，使画面更加符合王家卫电影的风格。

例如，如果使用可灵 AI 生成的视频的整体亮度过高，可以添加“情绪电影”的滤镜，使整体效果更突出，如图 6-19 所示。

图 6-19　剪映的滤镜选择界面

6. 检查和优化

播放整个视频，仔细检查画面、旁白、字幕和音乐之间的同步情况。如果发现问题，及时调整各个轨道的内容，确保每个场景的画面、声音和字幕都能完美配合，传达出一致的情感和氛围。

7. 导出成片

完成所有编辑后，单击“导出”按钮。根据需要选择合适的分辨率（如 1080p）和格式（如 MP4）。等待导出完成后，即可在手机或 PC 上查看最终的 AI 视频。

7

|第7章| C H A P T E R

DeepSeek 赋能数字人营销

在数字化的浪潮中，DeepSeek 与数字人技术的结合正在重塑内容创作与营销的格局。DeepSeek 作为强大的 AI 工具，能够快速生成高质量文案、脚本和数字人形象描述，极大地简化了视频创作流程。通过与剪映、可灵 AI 等平台的深度整合，创作者可以轻松实现从创意构思到数字人视频生成的全流程自动化。

本章将深入探讨“DeepSeek＋数字人”的创新应用。数字人视频凭借高效、低成本和高度定制化的特性，正在引领营销新趋势，并广泛应用于产品介绍、客户服务、品牌推广和教育培训等场景。同时，本章将分析数字人技术的类型，了解如何选择适合的工具来创建数字人形象。此外，本章还会提供从目标设定到长效运营的数字人视频创作最佳实践指南，帮助企业和个人创作者高效利用 DeepSeek 实现数字人视频的快速生成与优化。

7.1　数字人视频与营销应用

7.1.1　五大优势引领数字人视频营销

数字人视频是一种创新的营销工具，它利用数字人来完成产品介绍、品牌推广或知识分享。这些数字人可以根据企业或个人创作者的需求定制形象、声音和性格，能够 24 小时不间断地工作。与传统的真人视频相比，数字人视频不仅更高效，还能显著降低制作成本。

DeepSeek 在这一过程中发挥了关键作用。它能够快速生成高质量的文案和数字人形象描述提示词，帮助创作者快速创建数字人视频。例如，创作者可以通过 DeepSeek 生成的文案，结合数字人平台快速生成视频内容。这种结合不仅提升了内容生产的效率，还降低了创作门槛，让商家和个人都能轻松制作出吸引眼球的数字人视频。

1. 高效的内容生成

数字人视频能够根据预设的脚本进行精准呈现，确保视频的流畅性和专业性。创作者可以提前准备好脚本，数字人则能够高效地完成表演，无须担心真人表演中的失误或反复拍摄。此外，DeepSeek 能够快速生成高质量的文案，让视频内容丰富多样。这种高效的内容生成与呈现方式，提升了制作效率，大大缩短了从创意到成品的时间周期。

2. 高度定制化

数字人可以根据企业的品牌形象或个人创作者进行定制，无论是活泼可爱的卡通形象，还是专业严肃的商务形象，都可以轻松实现。创作者可以根据目标受众的特点设计数字人的外观、声音和性格。例如，面向年轻人的品牌可以设计一个活泼可爱的数字人形象，而面向高端科技的品牌则可以设计一个专业严肃的数字人形象。

3. 成本效益显著

与真人主播相比，数字人无须支付高额工资、奖金，也无须租赁场地或采购设备。数字人视频的制作成本远低于传统视频，同时还能保证高质量的输出。这使得数字人视频成为中小企业、初创企业以及个人创作者的理想选择，实现在有限的预算内制作出高质量的营销内容。

4. 多语言支持

DeepSeek 支持多种语言的文案生成，让数字人可以进行多语言讲解，这为拓展国际市场提供了极大的便利。创作者可以通过数字人视频轻松跨越语言障碍，向不同国家和地区的观众传递品牌信息和产品特点。

5. 持续优化与更新

数字人视频的另一个优势在于其灵活性。创作者可以根据市场反馈和观众需求，随时调整视频内容和数字人形象。这种持续优化的能力使得数字人视频能够更好地适应市场变化，保持内容的新鲜感和吸引力。

7.1.2 数字人视频的应用场景

数字人视频凭借其高效、低成本且高度定制化的特性，已经在多个领域展现出巨大的应用潜力。通过数字人进行产品介绍、客户服务、品牌推广和教育培训，为创作者提供了全新的解决方案。以下是数字人视频在数字营销中的四大主要应用场景。

1. 产品介绍

数字人视频在产品介绍方面具有显著优势。数字人可以详细地介绍产品的功能和特点，甚至进行现场演示。例如，科技公司可以利用数字人视频展示其新智能手机的各种功能。数字人能够清晰地解释产品的优势，展示实际操作，让观众更直观地了解产品。这种形式不仅节省了人力成本，还能确保信息的准确性和一致性。

与传统的真人演示相比，数字人可以连续工作而不会出现疲劳或失误。此外，数字人可以根据不同的产品特点和目标受众进行高度定制，确保演示内容的专业性和吸引力。例如，经营着一家主打环保家居用品的网店店主，可以通过设计一个亲和力十足的数字人形象，来展示其品牌的环保理念和产品特色。这个数字人不仅能在视频中详细介绍环保材料的使用和产品的独特设计，还能通过生动的演示，让观众直观感受到产品的优势。

2. 客户服务

数字人作为虚拟客服，可以随时解答客户的问题，提供即时帮助。这种服务模式不仅提升了客户体验，还优化了企业的人力资源配置，提高了运营效率。数字人可以 24 小时在线，确保客户随时都能获得支持。无论是产品咨询还是售后服务，数字人都能提供高效、准确的解答。

例如，电商领域可以利用数字人视频为客户提供产品咨询和售后支持介绍。数字人可以根据预设的脚本回答常见问题，甚至通过互动功能解决客户的个性化问题。这种不间断的服务模式不仅提升了客户满意度，还增强了客户对品牌或个人创作者的信任感和认同感。同时，个人创作者也可以将数字人作为虚拟助手，为粉丝提供创作相关的答疑服务，提升粉丝互动体验。

3. 品牌推广

数字人不仅是一种高效的营销工具，还能提升企业的品牌形象。通过精心设计的数字人形象和高质量的视频内容，企业可以更好地展示其品牌价值观和专业性。这种一致性有助于建立品牌信任，增强消费者对品牌的忠诚度。同样，个人创作者也可以通过数字人视频提升个人品牌的可信度和吸引力。

通过数字人视频，企业可以轻松地将品牌信息传递给目标受众。数字人可以出现在各种营销场景中，如社交媒体广告、品牌宣传视频等。这种高度定制化的内容不仅吸引了观众的注意力，还增强了品牌的独特性和吸引力。此外，个人创作者也可以通过数字人形象打造个人品牌，例如生活方式博主可以通过数字人视频分享日常经验，吸引更广泛的受众群体，提升个人品牌的影响力。

4. 教育培训

数字人可以用于教育培训，讲解课程内容，甚至进行互动教学。在线教育平台可以利用数字人老师为学生讲解数学、英语等课程。数字人老师可以根据课程内容进行生动讲解，通过动画和互动形式提升学习体验。

例如，儿童教育机构可以开设线上绘本阅读课程，让数字人担任绘本讲解老师。数字人不仅能用生动的语言和丰富的表情为孩子们讲述绘本故事，还可以通过互动提问方式引导孩子们思考，极大地提升了孩子们的学习兴趣和参与度。这种形式不仅节省了师资成本，还能根据学生的需求提供个性化的学习体验，从而提升学习效果。

此外，个人创作者也可以利用数字人制作教育内容。例如，知识博主可以通过数字人讲解专业知识，为观众提供更丰富的学习体验。

7.1.3 数字人视频核心评估指标

要精准评估数字人营销成效，需从多维度设定量化指标，并结合业务目标进行综合分析。无论是企业还是个人创作者，以下六大核心评估指标能全面衡量数字人营销效果，助力优化策略，提升营销效益，实现品牌与业务的协同发展。

1. 用户互动率

- 定义：可通过视频播放量、点赞量、评论量、分享量及收藏量等衡量。
- 意义：反映用户对内容的兴趣程度和参与度，是衡量内容吸引力和用户活跃度的重要指标。高用户互动率表明内容能够有效吸引用户关注并激发其参与行为。
- 优化方向：通过测试不同文案风格或数字人形象，筛选出高互动率的内容模板。

2. 转化率

- 定义：用户从观看视频到完成目标动作（如下单、私信、加好友）的比例。
- 意义：直接反映营销活动的效率和收益，是衡量数字人营销效果的关键指标。高转化率表明内容具有较强的说服力和引导性，能够有效推动用户行为，实现营销目标。
- 优化方向：在视频中嵌入明确的行动号召（CTA），如限时优惠、专属链接或评论领取资料等。

3. 内容传播广度

- 定义：衡量视频在不同类型媒体上的传播范围及话题热度等。
- 意义：反映内容的吸引力和影响力，评估内容是否能突破原有受众圈层，实现更广泛的曝光。
- 优化方向：设计具有争议性或情感共鸣的内容，激发用户自发传播。

4. 用户留存率

- 定义：用户持续关注品牌账号或个人创作者的比例。
- 意义：反映用户对品牌或个人创作者的忠诚度和黏性，是衡量长期用户价值和品牌影响力的重要指标。高用户留存率意味着用户对内容的认可和持续关注，有助于建立稳定的受众群体。
- 优化方向：制订内容更新计划，保持与用户的长期互动。

5. 成本效益比

- 定义：投入成本（如工具或平台订阅费、制作时间）与产出收益（如销售额、粉丝增长）的比值。
- 意义：衡量数字人营销的经济性和投入产出效率，是评估营销活动是否具有可持续性和盈利能力的重要指标。
- 优化方向：选择性价比高的工具组合，如 DeepSeek + 可灵 AI，降低边际成本。

6. 品牌认知度

- 定义：衡量用户对品牌内涵及价值的认识和理解度的标准。
- 意义：衡量品牌在目标受众中的影响力和长期价值，高品牌认知度有助于提升消费者信任度、好感度和忠诚度，进而推动品牌价值增长。
- 优化方向：强化数字人形象与个人创作者价值观的一致性，如设计专属虚拟形象，利用 AI 工具快速生成个性化内容，提升内容的传播力和影响力。

7.2 数字人形象创建与视频生成

本节将聚焦于国内主流的数字人创作平台，尤其是剪映和可灵 AI 这两款具有代表性的工具，结合 DeepSeek 的强大语言生成能力，从技术类型、如何赋能和实操等方面进行深入剖析，帮助创作者快速掌握数字人形象与视频的创作核心要点，并介绍如何高效利用这些工具，制作出高质量且富有吸引力的数字人视频内容。

7.2.1 数字人技术类型

在深入了解数字人技术类型之前，我们先要明确一个背景：尽管数字人技术应用广泛，但主要聚焦于短视频和口播内容创作，在数字人直播领域则面临诸多限制和风险。例如，部分平台对于数字人直播存在技术限制，原因是其内容单一、互动性不足，通常被判定为“低质量内容”而封禁直播权限。此外，数字人直播还存在虚假信息、欺诈行为、隐私和数据安全问题，这些问题不仅影响用户体验，还可能引发法律纠纷。因此，数字人在直播领域的应用仍需谨慎对待，尤其是要避免误导性宣传和虚假信息的传播。

目前市面上的数字人技术主要分为三大类：数字人模板、定制数字人以及个人视频对口型。这三种类型各有特点，适用于不同的创作需求和场景。接下来，我们将逐一深入探讨它们的特点和优势。

1. 数字人模板

数字人模板是一种基于预设形象和功能的解决方案。平台会提供一系列已经设计好的数字人形象，用户可以直接选择使用。这些模板通常具有多样化的风格，比如职场风、卡通风、科技风等，适合不同的应用场景。例如，在教育领域，数字人可以作为虚拟讲师；在产品销售领域中，数字人可以作为虚拟主播。这种类型的优点是操作简单、成本低，适合快速生成内容，但缺点是缺乏个性化。

2. 定制数字人

定制数字人则具有更高的个性化特性。用户可以根据自己的需求，上传照片或视频，通过 AI 技术生成与自己或特定相似人物的数字人形象。定制数字人不仅在外观上可以高度还原，还可以通过语音合成技术模拟特定的声音。这种类型适合需要独特品牌形象或个人特色的场景，比如企业代言人、虚拟客服或个人自媒体账号。虽然定制数字人的制作成本和难度相对较高，但它能够提供更真实的用户体验。

3. 个人视频对口型

个人视频对口型并不是直接生成数字人，是一种结合静态图像和语音生成的解决方案。用户只需上传一张照片，系统会通过 AI 技术让照片中的人物“动起来”，并根据输入的文本内容生成自然的口型和表情。这种方式特别适合不想露脸的创作者，或者需要快速生成视频内容的场景。例如，知识博主可以用这种方式制作讲解视频，而企业也可以利用它生成产品介绍视频。它的优点是操作简单、生成速度快、性价比高，且能够实现较好的视觉效果，是数字人的平替方案。

通过对这三种类型数字人技术的介绍，我们可以看到不同类型的数字人技术各有优势和适用场景。下面整理了国内部分数字人平台对比（费用为包含高级功能），如表 7-1 所示。

表 7-1 国内部分数字人平台对比

平台	支持类型	特色功能	费用	推荐指数
剪映	数字人模板、定制数字人	手机、计算机同步、免费模板多	49 元 / 月起	☆☆☆☆
可灵 AI	个人视频对口型	AI 图片、AI 视频、对口型	58 元 / 月起	☆☆☆
闪剪	数字人模板、定制数字人	支持多语种和国际化形象，提供丰富的模板和高效的内容生成	398 元 / 年起	☆☆☆
一帧秒创	数字人模板	商务形象库、支持多种模式导入素材	98 元 / 月起	☆☆
百度曦灵数字人	数字人模板、定制数字人	组件式管理，支持数字人直播	699 元 / 月起	☆☆
腾讯智影	数字人模板	多种形象选择，支持背景、贴纸等素材选择	消耗积分	☆

7.2.2 DeepSeek 如何赋能数字人平台

在数字人内容创作中，DeepSeek 凭借其强大的语言生成能力，为创作者提供了高效且高质量的解决方案。尤其在与可灵 AI 的视频生成能力结合时，DeepSeek 能够显著提升数字人视频的创作效率和表现力。通过生成精准的数字人描述提示词和口播文案，DeepSeek 能帮助创作者快速完成从创意构思到视频生成的全流程，极大地节省了时间和精力。

1. DeepSeek 生成数字人描述提示词

DeepSeek 能够为创作者生成多种场景下的数字人描述提示词，快速锁定数字人形象的风格与细节。**比如，创作者可在 DeepSeek 中输入：**“我是一名

30岁的电商带货男主播，想用可灵AI生成一段电商风带货口播视频，帮我生成相关文生视频提示词。”此时，DeepSeek会输出类似这样的详细提示词：“一位30岁的男性，身着时尚商务装，站在敞亮的直播间，表情自然、动作流畅，光线柔和，整体氛围专业。”类似的，科技风数字人描述可以是“未来感十足的数字人，背景是充满科技元素的虚拟场景，动作流畅，充满科技感”。这些描述提示词可以直接用于可灵AI的视频生成，帮助创作者快速生成符合需求的数字人视频。

2. DeepSeek生成口播文案

DeepSeek在口播文案生成方面表现出色，能够根据不同的场景和需求，生成吸引人的文案。**例如，创作者可以在DeepSeek中输入：**“我想要在抖音推广一款蓝牙耳机，请帮我生成一段不同风格的30秒产品推广口播文案，突出产品时尚、舒适、音质好、续航长以及价格优惠的特点。”

DeepSeek会根据要求生成多条文案供选择。此外，DeepSeek还支持多种文案框架，如惊喜揭秘型、反转剧情型等，进一步提升文案的吸引力。**例如，生成的文案可以是：**“每天我们无意间丢弃的东西，竟有惊人秘密！你知道吗？那些看似无用的咖啡渣，其实是天然的除臭剂和肥料（引入）。快来看看咖啡渣还能做什么，你绝对想不到（揭秘）！如果你有更多这样的小秘密，留言和大家分享吧（呼吁行动）！”

7.2.3 DeepSeek结合剪映数字人平台实操

在数字人视频创作中，DeepSeek与剪映数字人平台的结合为创作者带来了全新的创作模式。DeepSeek不仅能快速生成精准的口播文案，还能根据不同的场景需求，提供多样化的文案风格和创意方向。这些生成的内容可以直接导入剪映数字人平台，帮助创作者快速完成视频制作。从创意构思到最终输出，整个流程更加流畅，极大地提高了内容生成的速度，又降低了创作的难度，让小白也能轻松上手。接下来，我们将详细介绍如何通过“DeepSeek+剪映”高效完成数字人视频创作。

1. 准备工作

登录剪映官网（https://www.capcut.cn），单击“立即下载”按钮，安装“剪映专业版”。

2. 启动功能

单击“开始创作”按钮→选择“数字人”。剪映数字人选择页面如图 7-1 所示。

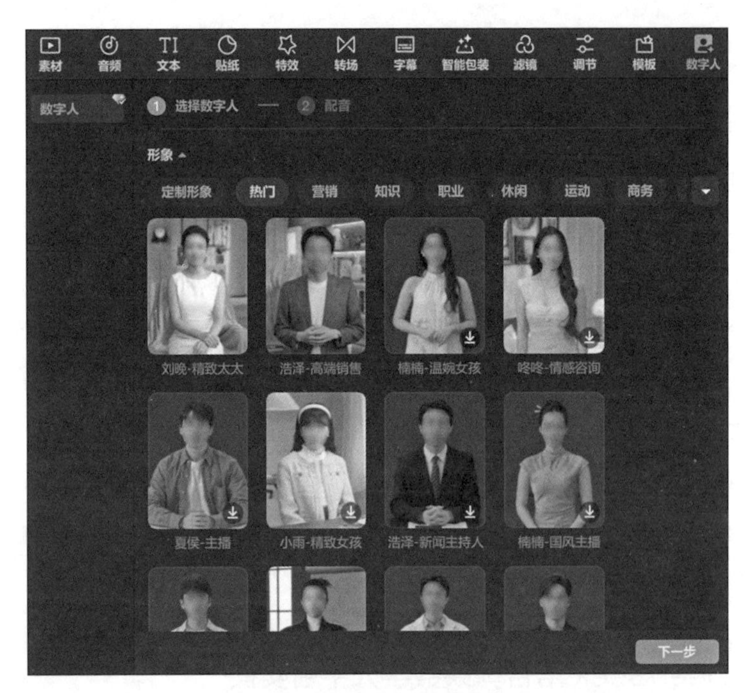

图 7-1　剪映数字人选择页面

3. 选形象

剪映数字人平台支持形象定制，同时也提供多种免费形象，而且会经常更新形象。以下是一些形象模板推荐。

1）历史解说：适合知识分享。

2）运动健身：适合运动类内容。

3）高端销售：适合产品介绍和商务场景。

4. 配音

选择形象后，单击“下一步”按钮进入配音环节。对于配音，可以上传自己录制的音频，也可以通过“输入文案”结合“音色”功能实现，如图 7-2 所示。这里不用担心自己的声音状态不够好，可以用 DeepSeek 生成精准的口播文案，并且 DeepSeek 支持多种风格和场景。**例如，用 DeepSeek 生成的蓝牙耳机的电商风口播文案：**

朋友们，今天我要给大家推荐一款超酷的蓝牙耳机！它采用时尚的设计，佩戴舒适，音质超棒，高清驱动单元让你享受沉浸式音乐体验。续航超长，单次充电可续航 10 小时，搭配充电盒可达 30 小时，连接稳定，瞬间配对，轻松适配各种设备。降噪效果一流，隔绝外界噪声，让你随时随地沉浸在音乐世界。时尚、舒适、音质好，续航长，这款蓝牙耳机是你生活中的最佳选择！快来抢购吧！

图 7-2　剪映配音选择页面

5. 调整细节

在剪映数字人中，调整细节是提升视频质量的关键步骤。通过以下操作，可以让视频效果更加专业和自然。

1）背景：单击“背景”选项，选择纯色或虚拟场景。

2）字幕：勾选“同时生成字幕”，方便观众理解。

3）语速：生成视频后，选择视频并单击“变速”选项来调节整体语速。

4）转场：适度地增加一些分镜头，例如产品介绍、背景说明等，并在镜头切换处增加一些转场效果。

6. 导出视频

在完成视频制作后，单击“导出”按钮，进入导出设置页面。以下是建议的导出参数配置。

1）分辨率：选择1080P。

2）编码：H.264。

3）格式：MP4。

4）帧率：30FPS。

7.2.4 DeepSeek结合可灵AI数字人平台实操

可灵AI拥有丰富的功能和多样化的风格，可以通过文字生成数字人形象，也可以将人物图片转化为动态数字人视频，支持多种场景特效（如光影移动、白云飘动等），极大地增强了视频的表现力。同时，生成的视频风格多样，能够满足从古风到科技风等多种需求。

DeepSeek可以精准地生成适用于可灵AI的提示词，创作者快速确定数字人视频的内容和风格，然后输入可灵AI生成动态视频，再利用可灵AI的“对口型”功能完成整体数字人视频创作。这种组合不仅提升了内容制作的效率，也可以满足创作者对于不同场景的需求，让创作者以更低的成本产出高质量的数字人视频内容。

1. 准备工作

登录可灵AI官网（https://klingai.kuaishou.com），单击“图生视频”按钮。

2. 选择图片

在“图生视频”功能中，单击“首尾帧”按钮，上传个人形象图片。图片要求如下：正面半身照，光线均匀，避免阴影遮挡五官；建议穿纯色衣服，背景简洁，避免复杂图案干扰 AI 识别。高质量的图片能显著提升生成视频的效果，确保数字人形象、自然、逼真。

3. 参数设置

在添加“图片创意描述”选项，可以使用 DeepSeek 生成动态创意描述，例如“微微抬起右手，抬手动作自然流畅，头部微微自然转动”。参数设置中，生成模式选择“高品质”，生成时长选择“5s”，生成数量选择“1 条”。设置完成后单击“立即生成”按钮。对于需要较长时长的数字人视频，可以通过生成多段 5s 视频来实现。每个视频可以设置不同的创意描述，最后通过剪辑工具将多个 5s 视频拼接成一个长视频。这种方式不仅节省成本，还能根据场景需求灵活调整内容。参数设置页面如图 7-3 所示。

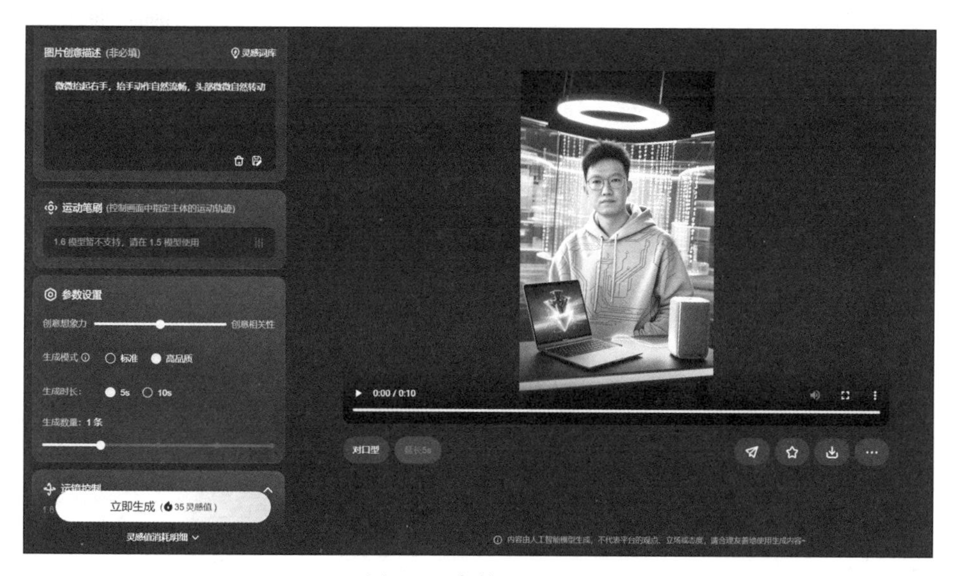

图 7-3　参数设置页面

4. 对口型

如果生成的视频效果不理想，可通过 DeepSeek 优化提示词，增加细节后重新生成。满意后，单击功能菜单中的“对口型”，或直接在视频左下方单击

“对口型”按钮，进一步调整口型效果，确保数字人的口型与配音精准匹配，提升视频自然度和专业性。

5. 配音

在配音环节，可灵 AI 提供了灵活的选项，操作简单且功能强大。你可以选择“上传本地配音”，将自己提前录制好的音频文件导入视频中，也可以使用“文本朗读”功能，直接输入文案，由系统根据输入的文字自动生成配音。为了确保配音效果自然流畅，建议使用 DeepSeek 生成高质量的文案，同时选择合适的音色以匹配视频内容的风格。配音完成后，单击“确定”或“保存”按钮，即可将配音与视频同步完成。“文本朗读”页面参数设置如图 7-4 所示。

图 7-4 “文本朗读”页面参数设置

6. 导出视频

在完成所有设置并单击“立即生成”按钮后，系统将开始创作数字人视频。生成时间可能因视频复杂度而异，请耐心等待。创作完成后，页面会提示“生成成功”，此时单击“无水印下载”按钮，即可将生成的数字人视频保存到本地。建议在下载后检查视频内容，确保动作、口型和配音的同步效果符合预期。如果需要进一步优化，可以返回编辑页面，调整提示词或参数后重新生成。

7.3　数字人营销的最佳实践

随着数字人技术的快速发展，越来越多的企业和个人创作者开始尝试将其应用于营销和内容创作中。然而，如何高效地利用数字人视频实现营销目标，是许多初学者和从业者面临的挑战。本节将结合 DeepSeek 的技术优势，从明确目标、内容规划、技术落地、风险管控和长效运营五个方面，提供一套完整的数字人营销的最佳实践指南。

7.3.1　明确目标

在开始数字人视频创作时，明确目标是至关重要的第一步。数字人视频可以用于品牌推广、产品介绍、客户服务、教育培训等多种场景。因此，创作者需要根据自身的需求，设定清晰、可衡量的目标。

1. 确定营销目标

数字人视频的营销目的可以分为三个层次：品牌认知、用户互动和转化驱动。

1）品牌认知：通过数字人传递品牌核心价值观和调性，提升品牌在目标受众中的知名度和好感度。数字人作为虚拟形象，能够以高度一致性和个性化的方式与用户互动，增强品牌记忆点。

例如，一家智能家居品牌可以设计一个数字人形象，其外观融合了现代家居的简洁线条和智能科技的元素。数字人穿着简约的家居服，背景是一个充满科技感的智能客厅，展示智能设备的便捷操作和温馨的家居环境。通过这样的形象，品牌方可以传递出其产品不仅科技先进，还能融入日常生活，提升用户的幸福感和便利性。

2）用户互动：用户互动是提升数字人视频效果的关键策略之一。通过设计互动环节，如问答、投票、抽奖等，可以显著提高用户的参与度和视频的互动率。

例如，在视频中加入提问环节，鼓励用户在评论区留言，不仅能激发用户的参与热情，还能增强用户与品牌方之间的互动。此外，品牌方还可以通过限时挑战、互动游戏等方式，进一步提升用户的参与感和黏性。

3）转化驱动：转化驱动是数字人视频营销的核心目标之一，旨在通过明确的行动号召（CTA），引导用户完成购买、注册、咨询等目标动作。

例如，在视频中引导和视觉提示，可以进一步增强用户的行动意愿。此外，通过引导用户注册会员、预约体验等方式，可以增加用户与品牌的接触点，为后续转化创造更多机会。

2. 设定战略目标

为了确保营销目标可实现和可衡量，建议使用 SMART 原则（具体、可衡量、可实现、相关性、时限性）来设定战略目标。

1）具体：提升品牌在年轻女性群体中的知名度。

2）可衡量：通过社交媒体互动率和品牌搜索量来衡量。

3）可实现：设定合理的目标值，如互动率提升 30%。

4）相关性：营销目标需与品牌整体战略目标相关。

5）时限性：设定明确的时间节点，如在接下来的 3 个月内实现目标。

7.3.2 内容规划

内容是数字人视频的核心。一个吸引人的视频不仅需要有创意的文案，还需要有符合品牌形象的数字人形象。以下是内容规划的两个关键步骤。

1. 文案创作

结合 DeepSeek 的 AI 写作能力，创作者可以建立一个标准化的“三段式”文案创作流程，包括以下三个部分。

1）**痛点引爆：**通过疑问句或反问句切入用户需求，引起用户的共鸣，例如：“为什么你的皮肤总是缺水？”

2）**价值传递：**以 FABE 法则（特性、优势、益处、证据）展开产品说明。例如：“这款防晒霜具有 SPF50+ 的防晒指数和轻薄乳液质地且易于吸收（特性），相比普通防晒霜能提供更强大的紫外线防护且不油腻（优势），能让用户在户外活动时更安心，减少晒伤和老化风险（益处），同时享受清爽体验，其防晒效果长达 12 小时，曾获‘最佳防晒产品奖’（证据）。”

3）**行动号召：**设置明确的行动号召，如限时优惠、专属福利等，引导用户采取行动，例如：“扫码领取专属福利！”

2. 形象设计

数字人形象是视频质量的关键。设计数字人形象时，需要遵循以下三个原则。

1）**一致性：**数字人形象需与品牌整体风格保持一致。例如，对于高端科技品牌，可以设计一个金属质感的数字人形象，传递出品牌的科技感和专业性。

2）**兼容性：**数字人形象需要适配多平台展示需求。例如，在竖版视频中，数字人可以只展示上半身，而在横版视频中，可以增加场景化背景。

3）**文化敏感性：**在跨国营销时，通过 DeepSeek 的多语言生成功能，自动规避宗教、手势等文化禁忌。例如，在中东地区，避免使用可能被视为不敬的手势。

7.3.3 技术落地

技术落地是实现数字人视频创作的关键环节。通过合理选择工具和优化流程，可以高效地完成视频制作。

1. 构建工具矩阵

构建一个完整的工具矩阵，包括创意层、制作层和优化层。

1）创意层：使用 DeepSeek 实现脚本生成、关键词提取和多语言翻译。

2）制作层：利用剪映或可灵 AI 等数字人平台，快速生成数字人视频。这些平台提供了丰富的模板和定制化选项，即使是初学者也能轻松上手。

3）优化层：通过各个平台的数据分析工具检测观众的注意力分布，优化视频内容。例如，通过分析观众的停留时间，调整视频的重点部分。

2. 智能迭代机制

利用 DeepSeek 自动生成变体内容，建立 A/B 测试模型，即通过创建多个版本的内容并同时投放，观察不同版本的表现，从而确定哪种版本更有效。以下是 A/B 测试模型的关键点。

1）变量控制：同一脚本生成不同情绪的版本（如兴奋型、专业型、幽默型等），测试哪种风格更受观众欢迎。

2）数据反馈：根据完播率、互动率等指标，自动优化内容策略。例如，如果发现幽默风格的视频互动率更高，可以调整后续视频的风格。

3）动态更新：根据平台热点以及特定节日，定期更新数字人的服饰、场景等视觉元素，保持内容的新鲜感。

7.3.4 风险管控

在数字人视频的创作和推广过程中，风险管控是不可忽视的环节。以下是一些关键的合规性检查和风险管控措施。

1. 合规性检查

在数字人视频的创作和推广过程中，确保内容的合规性是至关重要的。以下是合规性检查的关键点。

1）版权风险：确保文案和创意符合平台的原创要求，避免抄袭他人的文案或创意。建议使用专业的版权检测工具或人工审核，确保内容的原创性和合法性。

2）伦理红线：设置关键词过滤库，避免使用可能引发争议的词汇。例如，可以先通过 DeepSeek 搜索并整合常见的违规词汇，如“治愈率 100%”“根治”“永不复发”“国家级秘方”等。将这些词汇整理成关键词过滤库，并保存为本地文档。在使用 DeepSeek 生成文案时，将该过滤库作为附件上传，让工具在生成内容时自动过滤这些违规表述。

3）数据安全：在处理用户数据时，确保数据的安全性和隐私性。建议使用加密技术或匿名化处理，避免用户数据泄露，确保用户信息安全。

2. 风险管控措施

在数字人视频创作过程中，定期进行风险评估，及时发现并解决潜在问题，然后调整策略，避免资源浪费。

1）内容审核：在发布前，对视频内容进行审核，确保符合平台规则和法律法规。

2）用户反馈：关注用户反馈，及时调整内容策略。

3）用户教育：通过视频内容，教育用户如何正确使用产品，避免误解和争议。

7.3.5　长效运营

数字人视频的成功不仅在于短期的推广效果，更在于长期的品牌建设和用户积累。以下是数字人视频的生命周期管理策略。

1. 制定运营日历

通过分阶段的运营策略，数字人 IP 可以在不同阶段发挥最大效果，逐步建立起稳定的用户群体和品牌影响力。根据运营阶段制订的运营计划具体如下。

1）导入期（0 ～ 3 个月）：这个阶段的目标是快速吸引用户关注。视频内容要简洁明了，时长控制在 15 ～ 30 秒，数字人视频的更新频率要提高，以加深数字人的形象和风格。

2）成长期（4 ～ 6 个月）：这个阶段要增加内容的趣味性和连贯性。可以制作系列化的内容，比如“数字人的一天”或“数字人在实验室的趣事”，通过连续的故事吸引用户持续关注，增强用户黏性。

3）成熟期（7 ～ 12 个月）：这个阶段要扩大影响力，可以和其他有影响力的博主或知名品牌合作。比如，让数字人和真人博主一起出镜，或者和知名品牌方联合推出活动，通过双方的粉丝群体互相引流，提升品牌的知名度和影响力。

2. 持续优化与创新

为了保持数字人 IP 的长期吸引力和竞争力，创作者需要根据市场反馈和用户需求，不断优化数字人形象和内容策略。以下是三个关键方向。

1）热门模仿：定期关注行业内的热门数字人 IP，分析其成功要素。例如，某些数字人通过独特的视觉风格或个性化的互动方式吸引了大量粉丝。对比这些热门案例，创作者可以发现自己数字人的不足之处，并借鉴热门数字人的成功经验。比如，热门数字人可能采用了更具吸引力的服装设计或更具感染力的语音语调，创作者可以据此调整自己的数字人形象，使其更具吸引力。

2）竞品对比：分析竞争对手的数字人 IP，了解其内容策略和用户反馈。例如，竞品可能在某个特定领域（如教育或娱乐）表现突出，创作者可以通过对比，找出自己数字人的优势和劣势。如果竞品的数字人以高质量的动画效果著称，创作者可以考虑在技术层面进行优化；如果竞品的数字人的互动性更强，创作者可以增加更多用户参与环节。通过这种对比，创作者能够明确优化方向，提升数字人 IP 的竞争力。

3）元素迁移：从其他成功的内容形式中提取有效元素并迁移应用到数字人视频中。例如，从热门短视频中提取流行的音乐元素、舞蹈动作或流行语，将其融入数字人视频，使其更具时代感和吸引力；从影视、动漫等领域借鉴叙事手法和视觉效果，提升数字人视频的故事性和观赏性，例如，将动漫中的经典场景或特效应用到数字人视频中，为观众带来全新的视觉体验。

第8章 CHAPTER

DeepSeek赋能教育

DeepSeek 技术在教育领域的应用，正掀起一场前所未有的创新风暴。本章将介绍如何通过 DeepSeek 赋能教育。

DeepSeek 利用先进的内容生成和图像处理能力，轻松打破传统创作的限制，比如为儿童绘本的个性化制作打开了新天地。无论是梦幻的童话故事，还是寓教于乐的科普知识，DeepSeek 都能根据预设的主题、故事情节和目标年龄段，自动生成富有创意且具有教育价值的绘本内容。这些绘本色彩鲜艳、形象生动，能精准抓住孩子们的兴趣点，从而有效激发他们的阅读兴趣和想象力，为儿童教育注入新的活力。

此外，DeepSeek 凭借卓越的数据分析能力，为个性化学习提供了强大支持。比如，通过深度学习算法和大数据分析技术，它能够精准识别学生的学习状态，智能推荐符合他们认知水平、兴趣偏好和学习进度的个性化学习资源及练习题。这种量身定制的学习方式，不仅极大地提高了学生的学习效率，还让学生在享受学习乐趣的同时，充分发挥自己的潜能。

同时，DeepSeek 还为教师提供了智能化的教学课程和课件制作工具，帮助他们轻松整合优质教育资源，生成结构清晰、内容丰富且互动性强的多媒体课件。这一创新功能，不仅减轻了教师的备课压力，还通过动态调整课程内容确保了教学效果的最优化，为教育行业的数字化转型和创新发展提供了强劲动力。

8.1 用 DeepSeek 制作儿童绘本

儿童绘本在儿童读物市场非常受欢迎，它们不仅能够激发孩子们的想象力，还能帮助他们学习新知识、培养阅读兴趣。从经典童话到现代创意故事，儿童绘本的内容丰富多彩，形式也日益多样化。

传统的儿童绘本生成方式往往需要创作者具备专业的绘画功底、文案撰写能力以及排版设计技巧，这无疑提高了创作门槛，限制了普通人的进入。不仅如此，传统方式还存在创作周期长、成本高、风格单一的问题。这些问题在很大程度上制约了儿童绘本的创新和发展，使得市场上的绘本难以满足孩子们日益多样化的需求。

DeepSeek 的出现，为儿童绘本的创作带来了创新性的变革。它凭借自身的技术优势，有效解决了传统绘本创作中的诸多难题。DeepSeek 不仅降低了创作门槛，使非专业人士也能快速上手，还能根据用户需求生成个性化的故事内容和绘画，大大缩短了创作周期。此外，它支持多种风格的绘本创作，满足了市场对绘本多样化的需求。通过与 AI 绘图工具的结合，DeepSeek 能够生成高质量的绘本插画，进一步提升了绘本的视觉效果。这些优势使得 DeepSeek 在儿童绘本创作领域展现出了巨大的潜力和价值。用 DeepSeek 生成儿童绘本主要包括创作方案设计、插图提示词设计、插图绘制等步骤。

本节将详细阐述如何利用 DeepSeek 高效、专业地生成精美且富有吸引力的儿童绘本。

8.1.1 生成儿童绘本故事

DeepSeek 作为一款拥有强大内容创作能力的工具，针对 3 ～ 8 岁儿童的故事创作，能够精准地把握他们的喜好与阅读需求，提供既有趣又富有教育意义的故事框架和内容建议。

比如，我们想创作安全知识类的故事，可以设计《过家家中的安全小卫士》。在这个故事中，小明和他的小伙伴们玩过家家游戏，通过切蔬菜、给宝宝洗澡等场景，巧妙地融入用刀安全、水温检查等安全知识。孩子们在跟随故事情节发展的同时，能够轻松学习到重要的安全常识。

再比如，对于日常礼仪类的故事创作，我们可以构思《小熊的礼貌日》。小熊贝贝从不懂得礼貌到变得有礼貌的过程，生动地展示了日常礼仪的重要性。故事中的礼貌用语和礼貌行为，将鼓励孩子们在日常生活中养成使用礼貌用语的好习惯。

当我们想要融入自然知识时，可以创作《小蚂蚁的奇妙旅程》。小蚂蚁豆豆在树上探险之旅，不仅遇到了各种昆虫和植物，还学习了光合作用等自然科学知识。这样的故事将激发孩子们对自然界的好奇心和探索欲。

最后，对于亲子交互类的故事，我们可以尝试《亲子共读的快乐时光》。小兔子跳跳和爸爸妈妈一起读书、分享感受的经历，展现了亲子交互的温馨与美好。这样的故事将鼓励孩子们和家长一起享受阅读的乐趣，增进亲子关系。

下面来看一下具体如何操作。

进入 DeepSeek 官网，并在对话框中输入“请为我编写 5 个儿童绘本故事”。这是最简单的能让 DeepSeek 帮我们创作故事情节的方式。

当然，如果你对故事情节有一定的想法，也可以输入更加详细的要求，比如对故事主角的想法、故事梗概的思路、适用的年龄等。

我们单击“深度思考（R1）”按钮，并发送相应指令，如图 8-1 所示。

请为我编写 5 个儿童绘本故事

已深度思考（用时 25 秒）

好的，用户让我帮忙编写五个儿童绘本故事。首先，我需要确定这些故事的目标年龄层，可能适合3~8岁的孩子，这个阶段的孩子喜欢简单、有趣且有教育意义的故事。接下来，考虑故事的主题，用户可能希望故事包含不同的主题，比如友谊、勇气、环保、分享和合作等，这些都是常见的儿童教育主题。

然后，我需要确保每个故事都有鲜明的角色和生动的场景，这样能够吸引孩子的注意力。动物作为主角通常很受欢迎，比如兔子、刺猬、狐狸、熊、松鼠、蜜蜂、蚂蚁、乌龟、蜗牛等，这些角色容易让孩子产生亲切感。

接下来，每个故事的结构需要简单明了，有开头、发展和结尾，可能包含一个小冲突或问题，然后通过角色的努力或合作解决，传达积极的价值观。同时，语言要简单易懂，句子不宜过长，可以重复一些句式，增强记忆点。

用户可能希望故事不仅有趣，还能传递一些道理，比如分享的重要性、团队合作、勇敢面对恐惧、环保意识等。因此，每个故事的主题需要明确，并且在情节中自然体现出来，而不是生硬的说教。

另外，绘本通常需要插图，虽然用户没有提到插图，但作为文字部分，需要有一定的画面感，方便后续可能的视觉呈现。例如，描述场景时要有颜色、形状、动作的细节，比如“金黄的蜂蜜”“五彩的野花”“毛茸茸的尾巴”等。

还要注意故事的多样性，五个故事应该有不同的场景和不同的角色，避免重复。比如一个在森林，一个在花园，一个在草原，一个在河边，一个在冬天，这样每个故事都有独特的环境设定。

可能需要检查每个故事的长度，确保适合儿童注意力集中的时间，每个故事 500字左右，结构紧凑，情节简单但完整。同时，考虑是否有押韵或重复的句子，增加节奏感，适合家长朗读给孩子听。

最后，确保每个故事都有一个快乐的结局，传达积极向上的信息，让孩子在阅读后感到愉快并有所收获。可能需要考虑不同文化背景下的普适性，避免特定文化元素，使故事更具广泛吸引力。

总结下来，我需要构思五个不同主题、不同角色、不同场景的简单故事，每个故事传达一个积极价值观，语言生动趣，适合儿童理解和家长讲述。

图 8-1 DeepSeek 深度思考过程

DeepSeek 输出编写的故事绘本大纲，如图 8-2 所示。

好的！以下是五个适合3~8岁儿童的绘本故事大纲，包含简单的情节和正向价值观，方便后续配图创作。

1.《小兔子的彩虹雨靴》

主题：勇敢尝试新事物

小兔子害怕下雨，因为它的长耳朵会淋湿。一天，奶奶送它一双彩虹雨靴，说："穿上它，雨天也会有奇迹！"小兔子鼓起勇气穿上雨靴出门，发现雨滴在靴子上弹跳成小水花，还遇到打着蘑菇伞的小刺猬一起踩水坑。原来雨天也可以这么有趣！

教育意义：面对恐惧时，勇敢尝试可能会有惊喜。

2.《谁偷了蜂蜜罐？》

主题：团队合作与分享

小熊的蜂蜜罐不见了！它气呼呼地怀疑狐狸偷的，却看到狐狸正帮小松鼠修屋顶。接着，它发现蜜蜂们抬着空罐子飞向花田——原来蜜蜂借走了罐子去装新采的花蜜。小熊和大家一起用蜂蜜做了蛋糕，分享给整个森林。

教育意义：误会需要沟通，分享让快乐加倍。

3.《蒲公英的旅行》

主题：生命与成长

一朵小蒲公英害怕被风吹走，紧紧抓住地面。蝴蝶告诉它："飞起来，你会看到更美的世界！"风来了，蒲公英的种子轻轻飘起，越过山川和河流，最后在一片绿草地上安家。第二年，那里开出了一片金色的蒲公英花海。

图 8-2　DeepSeek 输出编写的故事绘本大纲

我们可以清晰地观察到，DeepSeek 在对故事情节深入思考的过程中，展现出了极为详尽且系统化的分析能力，其思考方式显得尤为专业和严谨。它不仅从目标受众的角度出发，细致入微地考虑了儿童的心理特点和接受能力，还从叙事结构、情节设置、角色塑造等多个维度进行了全方位的考量。这样的综合分析，旨在确保所创作的儿童绘本既能激发孩子们的阅读兴趣，又能潜移默化地传递有益的教育理念，从而完美地呈现出一条既有趣味性又兼具教育意义的完整创作逻辑链条。

而且，DeepSeek 所生成的故事框架，精准地贴合了 3～8 岁儿童的认知特点，充分考虑了这一年龄段孩子的思维方式和理解能力。它不仅能够吸引孩子们的注意力，还能在潜移默化中将教育目标巧妙地融入趣味横生的叙事之中。

8.1.2 生成绘本分镜脚本和旁白

接下来，我们将进入一个关键的环节，那就是从 DeepSeek 所生成的 5 个不同故事版本中，精心挑选出一个最适合我们需求的故事。挑选完毕后，我们将再次借助 DeepSeek 的强大功能，对这个选定的故事进行更为细致和深入的情节扩写，如图 8-3 所示。在这一过程中，DeepSeek 不仅会丰富故事的细节，增强情节的连贯性和吸引力，还会根据扩写后的故事内容，自动生成与之相匹配的分镜画面和旁白文本。这样，我们就能得到一个完整且具有视觉和听觉效果的故事脚本，为后续的制作工作奠定坚实的基础。

请为我扩写儿童绘本《小兔子的彩虹雨靴》，并生成详细的分镜画面和旁白。

已深度思考（用时 26 秒）

好的，用户让我继续扩写《小兔子的彩虹雨靴》这个绘本，生成详细的分镜和旁白。我之前已经处理过其他几个故事，比如《蜗牛快递员》和《星星掉进池塘里》，现在需要保持一致的风格和结构。

首先，我需要回顾之前的分镜设计，确保结构和教育意义符合用户的期望。用户可能希望每个故事都有明确的教育主题，比如勇敢尝试新事物，同时分镜需要详细到每个跨页的画面和旁白，方便后续配图。

接下来，分析用户的具体请求。用户可能希望分镜包含8个跨页，适合16页的绘本，同时要有色彩鲜明的画面和拟人化的动物角色。之前的例子中，每个分镜都有画面描述和旁白，可能还需要一些隐藏的细节或彩蛋，比如其他故事角色的出现。

然后，我需要确定《小兔子的彩虹雨靴》的主题是勇敢尝试新事物，因此故事需要展示小兔子如何克服对雨天的恐惧，通过雨靴发现乐趣。可能的情节发展包括奶奶送雨靴、初次尝试、遇到朋友、发现乐趣，最后分享快乐。

需要注意之前用户提到的分镜亮点，比如色彩对比、细节呼应和互动彩蛋。例如，在《蜗牛快递员》中，书包补丁随剧情变化，这里可能需要类似的设计，比如雨靴的颜色变化或隐藏其他角色。

用户可能没有明确说明，但深层需求是希望故事有情感起伏，画面生动，能够传达积极的信息，并且适合儿童的理解和兴趣。因此，分镜需要包含冲突（害怕下雨）、转折（收到雨靴）、行动（尝试外出）、高潮（发现乐趣）和结局（分享快乐）。

还需要检查是否有需要调整的部分，比如节奏是否合适，是否有足够的页面来展开故事，以及旁白是否简洁有力，适合儿童阅读。可能需要在关键分镜中加入教育意义的句子，如“勇敢尝试会有惊喜”。

最后，确保每个分镜的画面描述足够详细，方便插画师理解，同时旁白要简短有感染力。可能需要加入一些互动元
比如让孩子寻找隐藏的细节，增加趣味性。

图 8-3 DeepSeek 关于分镜画面及旁白的深度思考

DeepSeek 分镜画面及旁白的输出，如图 8-4 所示。

分镜1：封面/扉页

画面：

- 阴雨绵绵的森林，小兔子蜷缩在蘑菇下，耳朵裹着绷带（象征怕淋湿）。
- 画面右侧一道彩虹光穿透乌云，照亮地上闪亮的彩虹雨靴（红黄蓝三色条纹+云朵鞋跟）。
- 标题用立体泡泡字体：《小兔子的彩虹雨靴》。

  旁白：
  （扉页题词）
  "害怕下雨的小兔子，遇见了一双会魔法的靴子……"

分镜2：雨天的烦恼

画面：

- 小兔子躲在树洞里，耳朵用树叶包扎，眼巴巴看着窗外玩耍的小动物：
  - 鸭子戴泳镜跳水坑
  - 青蛙用荷叶接雨滴打鼓
  - 远处奶奶举着伞走来，怀里抱着彩虹包裹。

  旁白：
  "哗啦啦——
  小兔子最讨厌下雨，
  湿漉漉的耳朵会让它感冒！
  可是，奶奶说：
  "雨天藏着一个秘密。"

图 8-4　DeepSeek 分镜画面及旁白的输出

到了这一步，我们已经成功构建了整个故事的基本框架，形成了详细的故事大纲，以及与之相配套的分镜脚本。这些提示词和分镜脚本不仅为后续的图像创作提供了清晰的指导，还确保了每一幅画面都能精准地传达故事情节，使得整个创作过程更加高效和有序。

8.1.3　绘制图片

接下来，我们将进入一个关键步骤，即以 DeepSeek 所生成的分镜脚本为基础，依据脚本中对每个画面的详尽描述，借助另一款先进的 AI 工具来自动地生成与这些描述相匹配的图片。

这一环节实际上是绘本创作中极为重要的一个组成部分，即通过 AI 技术来实现配图的自动生成过程。在这个过程中，我们可以选择使用一款国产的 AI 工具——即梦 AI 来进行操作。

这款工具不仅支持在电脑网页端进行使用，同时提供了手机 App 版本，方便用户在不同设备上进行灵活操作。即梦 AI 具体的网址为：https://jimeng.jianying.com/。

通过即梦 AI，我们能够高效地完成绘本配图的生成工作，极大地提升绘本创作的效率和质量。

登录即梦 AI 官网，选择“图片生成”，复制粘贴 DeepSeek 的画面描述。之后选择模型（这里选择的是最新模型“图片 2.1”）、画面比例（绘本可选 3∶2、4∶3 或 1∶1）、图片尺寸（默认即可），最后单击“立即生成”按钮，即梦 AI 会生成 4 张不同的图片，如图 8-5 所示。

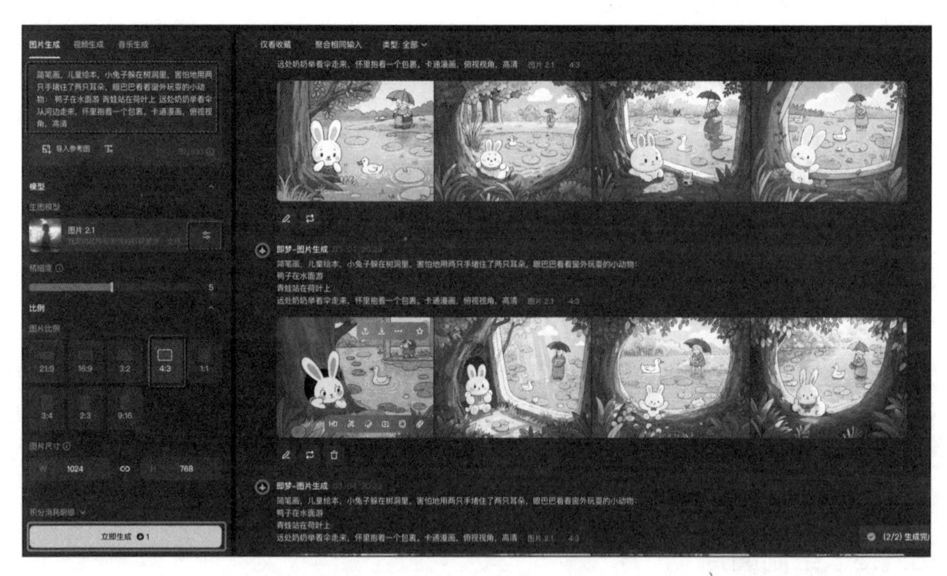

图 8-5 即梦 AI 生成图片界面

特别提醒：DeepSeek 对画面描述可能会有偏差，而且即梦 AI 对画面描述的理解也可能存在偏差，导致画面的生成可能也存在一些偏差，但是我们可以根据实际情况修改画面描述，或者针对同一个画面描述，让即梦 AI 多次生成图片。我们通常把这个 AI 绘画多次生成的过程比喻为“抽卡”，这意味着同一个画面描述词，AI 生成的结果可能有些变化，通过不断地“抽卡”来得到我们最满意的配图。即梦 AI 图片生成示例如图 8-6 所示。

图 8-6　即梦 AI 图片生成示例

如果通过即梦 AI 得到了合适的图片，单击“HD”按钮，即可得到一张超清图片，如图 8-7 所示。

图 8-7　即梦 AI 超清图片示例

这时候，我们要把这张效果最好的图片好好保存，因为这张图片在后面的绘本创作（当作插图或展示故事情节）中非常重要。而且，如果你有个更有创意的想法，想把这本绘本做成一个有趣的短视频，那这张图片也是重要的素材。

为了高效又高质量地做好绘本需要的配图，我们可以继续用之前的方法。具体来说，就是先充分利用 DeepSeek 强大的画面描述功能，让它准确捕捉并细致描绘出图片里的每一个细节和元素；再结合即梦 AI 出色的图像生成能力，让它可以根据描述的内容快速生成符合要求的、高质量的图片。

8.1.4 图文结合，生成绘本

现在我们有了做高质量儿童绘本的两大要素——好图片和好故事。接下来，用一些功能强大、操作简单的图文编辑工具，把这些好图片和好故事快速结合起来，就能做出既好看又有内容的儿童绘本，让孩子们看得开心，学得开心。比如，我们可以用专业的排版软件把刚才的故事内容和生成的配图进行排版。首先，将故事内容按照情节的顺序分段，并根据每段文字的情感和场景，选择合适的字体、字号和颜色来突出重点。接着，将生成的配图插入对应的文字段落旁边，调整图片的大小和位置，使它与文字内容相得益彰。最后，为每一页添加页码、标题和必要的装饰元素，生成一页既有故事情节，也有对应配图的绘本页面，如图 8-8 所示。

图 8-8 儿童图文绘本示例

按照这种方法，完成每个故事情节的分页制作，最后将所有页面整合在一起，形成一本完整的绘本故事书。

8.2 用 DeepSeek 进行个性化学习辅导

孩子的教育问题一直是很多家长和社会长期关注的焦点。为了提升孩子的学习成绩，很多家长不得不花费大量金钱报各类培训班。然而，高昂的学费投入往往得不到理想的效果。

8.2.1 传统方式为何难以实现个性化辅导

个性化学习辅导是指根据学习者的认知水平、学习特点、知识基础等个体差异，制订相应的学习计划，提供有针对性的教学指导和学习资源支持。这种方式能够充分了解每个孩子的特性，让他的学习更有效率，更符合孩子的成长规律。

个性化学习辅导的优势主要体现在：

- 首先，能够准确诊断学生的知识短板和学习障碍；
- 其次，可以根据学习进度灵活调整教学内容和难度；
- 再次，通过持续跟踪和反馈，及时调整学习策略；
- 最后，有助于培养学生学习兴趣，建立学习自信。

然而，传统培训机构难以实现真正的个性化辅导，主要受限于以下因素：

- 一是优质师资有限，难以为每个学生提供一对一辅导；
- 二是课程体系固定，缺乏灵活调整的空间；
- 三是反馈机制滞后，无法及时响应学生需求；
- 四是个性化辅导的运营成本高昂，难以大规模推广。

而现在，借助 DeepSeek 这样的智能教育平台，我们可以突破这些限制，实现真正的个性化学习辅导。这是因为：

- ❑ DeepSeek 具备强大的知识理解和分析能力，可以精准把握学生的学习状态。
- ❑ 能够根据学生的反馈实时调整教学策略。
- ❑ 可以提供丰富的学习资源和多样化的解题思路。
- ❑ 具有 24 小时在线的特点，可以随时满足学习需求。
- ❑ 成本较低，可以让更多家庭受益。

8.2.2 3 步实现个性化学习辅导

接下来就让我们具体了解如何通过 DeepSeek 来实现个性化学习辅导，为孩子的学习提供更科学、更有效的支持。

1. 用 DeepSeek 进行学习诊断和评估

首先，我们可以用 DeepSeek 来评估学生的知识水平。只需要表述我们想要评估的内容，比如“我是一个初二的学生，请对我的数学进行评估”。DeepSeek 就会围绕这个评估目标，自动生成初二数学对应的评估测试问题，并请我们对这些问题进行解答。DeepSeek 会根据测试结果，对你对这个学科的掌握情况进行分析和评估，并给出完整的评估结果。

例如，对于一个初二数学学生，系统会通过提问了解他对代数、几何、函数等核心知识的掌握程度，识别出类似对函数的理解不够深入这样的具体问题。基于诊断结果，系统会生成个性化的学习画像，为后续辅导提供依据。

DeepSeek 的完整思考过程如下：

嗯，我现在要评估一个初二学生的数学水平。首先，我需要了解初二数学通常涵盖哪些内容。根据中国的课程标准，初二数学可能包括代数、几何、函数的基础知识，可能还有一些统计与概率的内容。代数部分可能涉及整式、分式、方程与不等式，几何部分可能包括三角形、全等三角形、勾股定理，以及四边形等。函数方面可能开始接触一次函数和正比例函数。

接下来，我需要确定评估的方法。可能需要通过一些问题或者测试题来检测学生的掌握情况。但用户并没有提供具体的题目或学生的作业，所以我需要设计一些问题来测试不同的知识点。

首先，代数方面，可以考察对方程和不等式的理解。例如解一元一次方程、一元一次不等式，或者简单的二元一次方程组。另外，分式的运算和化简也是一个重点。

几何方面，可以问关于三角形全等的判定，比如SSS、SAS、ASA、AAS等，或者勾股定理的应用。还可以问四边形的性质，比如平行四边形、矩形、菱形、正方形的特征和判定条件。

函数部分，可能需要画一次函数的图像，理解斜率和截距的意义，或者根据实际问题建立函数模型。

统计与概率可能涉及数据的收集与整理，平均数、中位数、众数的计算，以及简单的事件的概率计算，比如掷骰子或抽卡片的问题。

不过，用户是初二学生，可能需要考虑问题的难度适中，不要太超出范围。例如，二次函数可能在初三才学，所以暂时不需要涉及。此外，理解应用题的能力也很重要，学生需要能够将实际问题转化为数学表达式。

另外，学生的逻辑推理能力和解题步骤的规范性也是评估的一部分。比如，解几何题时是否写出已知、求证，是否有合理的推导过程，还是直接跳步导致容易出错。

现在，我需要设计几个涵盖不同知识点的问题，然后根据学生的回答情况来评估他们的数学水平。这些问题应该包括基础题、中等题和较难题，以测试他们的不同层次的理解和应用能力。

比如：

①解方程：$3x-5=7$。

②解不等式：$2x+3 \leqslant 11$。

③分解因式：x^2-5x+6。

④计算：$(2/3)+(1/4)$。

⑤已知直角三角形的两条直角边分别为3和4，求斜边长度。

⑥证明两个三角形全等，给定某些边或角的条件。

⑦已知一次函数 $y=2x-3$，求当 $x=4$ 时的 y 值，并画出函数图像的大致形状。

⑧一个盒子里有 5 个红球和 3 个蓝球，随机摸一个，摸到红球的概率是多少？

然后，根据学生解答的正确性、速度以及解题方法来判断他们的掌握程度。比如，基础题（如解方程和解不等式）应该快速正确完成，如果因式分解出错，则可能需要更多的练习。如果能正确应用勾股定理或全等判定，说明几何知识部分掌握较好。函数知识部分需要理解函数的概念和图像，概率题则需要基本的概率计算能力。

此外，还要考虑学生是否容易在步骤上出错，例如解方程时忘记变号，或者在分式运算中犯了通分相关的错误，或者在几何证明中逻辑不严谨。这些都可能影响评估结果。

可能还需要关注学生是否能够应对应用题，例如将实际问题转化为方程或函数，或者理解题目中的条件并正确应用数学知识解决。

如果这些题目学生大部分都能正确解答，步骤清晰，那么他们的数学水平可能较高。如果有部分错误，可能需要针对性地加强对某些知识点的理解。如果错误较多，可能需要系统复习基础内容。

DeepSeek 给出的完整方案如下：

以下是针对初二学生的数学能力的评估框架和建议：

一、评估知识点范围

初二数学主要涵盖以下内容，你可以通过自测题或练习题判断学生的掌握程度：

1. 代数

①方程与不等式：解一元一次方程、不等式（如 $3x+5=2x-7$；$2(x-3)\leqslant 4$）。

②分式运算：分式加减乘除（如计算$\frac{2}{x-1}+\frac{3}{x+1}$）。

③整式与因式分解：提公因式、十字相乘法分解二次三项式（如分解x^2-5x+6）。

2. 几何

①三角形：全等三角形的判定（SSS、SAS、ASA、AAS）、勾股定理应用（如已知直角边为3和4，求斜边）。

②四边形：平行四边形、矩形、菱形的性质与判定（如已知对角线互相平分，判断四边形类型）。

3. 函数

一次函数：解析式、图像绘制、求斜率/截距（如画出$y=-2x+1$的图像并求与x轴交点）。

4. 统计与概率

①数据分析：计算平均数、中位数、众数。

②概率：简单事件概率（如掷骰子出现偶数的概率）。

二、自测建议

1. 基础题（检测计算准确性）

①解方程：$4(x-2)=3x+5$。

②计算：$\frac{1}{2}\div\left(\frac{3}{4}-\frac{1}{2}\right)$。

③求直角三角形斜边：两直角边为6和8。

2. 中等题（检测应用能力）

①因式分解：x^2-4x+3

②画一次函数图像：$y=3x-2$，并求当$y=4$时的x值。

③概率问题：从1～10中随机抽一个数，是质数的概率是多少？

3. 挑战题（检测逻辑推理）

①几何证明：已知△ABC中，D是AB中点，E是AC中点，求证DE平

行于 BC 且 $DE=\frac{1}{2}BC$。

②应用题：商店打折“满 200 减 50”，若商品原价为 x 元，写出实际付款 y 与 x 的关系式。

三、常见薄弱点及建议

①代数运算易错（如符号错误、分式通分错误）。

建议：每天练习 3～5 道方程 / 分式计算题，完成后逐步检查每一步骤。

②几何证明逻辑不清晰。

建议：按“已知→求证→证明”三步书写，熟记全等三角形判定条件。

③函数图像理解困难。

建议：用“列表法”画出 x 和 y 的对应值，再连点成线，观察斜率和截距的影响。

④应用题转化能力弱。

建议：划出题目中的关键数据，将文字转化为方程（如“比……多 3 倍”即乘 4）。

四、学习资源推荐

①基础巩固：人教版、北师大版初二数学教材的课后习题。

②提升训练：《五年中考三年模拟》的初二数学分册。

③在线工具：

❑ GeoGebra（动态绘制函数 / 几何图形）。

❑ Wolfram Alpha（检查计算步骤）。

五、后续计划

①每周目标：专注 1～2 个专题（如本周专攻因式分解，下周练习几何证明）。

②错题本：记录典型错误，标注错误原因（如符号错误、公式记错）。

③定期自测：每月做一套综合卷（限时90分钟），分析进步与不足。

通过针对性练习和系统梳理，你可以逐步强化薄弱环节。如果有具体题目或学习卡点，可以进一步讨论！

可以看到，DeepSeek提供了一套系统而全面的指导方案，在评估知识点范围里罗列了重点的数学知识，在自测建议中提供了基础、中等、挑战三个等级的测试题目，从而帮助我们进行对应的自我评测，最后还有常见薄弱点的建议。这一套系统性的评估框架能有效地帮助学习者精准定位自己的数学水平，并找到提升的路径。

不仅如此，DeepSeek还提供了相应的学习资源，让我们可以进一步进行学习和补充。最后还给出了很实用的后续学习计划的建议。

2. 量身定制学习计划

当我们通过上面的步骤对自己的学科学习情况有了全面的了解之后，就可以进一步告知DeepSeek自己的知识遗漏点、弱项，从而让DeepSeek查漏补缺式地为我们量身定制知识学习计划。

假如，我是初三的学生，通过上述的诊断评估方法发现自己的二次函数知识存在问题，就可以对DeepSeek说："二次函数没学会，请为我制订学习计划"。

DeepSeek就会根据你的具体情况设计学习路径。以二次函数的学习为例，DeepSeek不会简单地提供一个笼统的学习框架，而是将这一复杂的知识点细致地分解为多个易于理解和掌握的模块。DeepSeek会从函数的基本概念入手，帮助学生建立对函数的初步认识。接着，DeepSeek会引导学生探索二次函数的图像特征。通过动态演示和互动练习，学生可以直观地观察到二次函数图像的开口方向、顶点坐标和对称轴等关键特征。还会进一步引导学生将所学知识应用于实际问题中，并为每个学习模块设置合理的学习时间和检查点。

下面就来看看DeepSeek的完整思考过程：

好的，用户是初中生，之前请求数学评估，现在特别提到二次函数没学会。首先，我需要确定用户学习二次函数的具体问题在哪里。可能的情况包括不理解基本概念、图像性质、顶点式、求根方法或者应用题解决困难。

用户之前已经进行过自我检查，现在明确指出了二次函数的问题。接下来，我应该提供一个结构化的学习路径，从基础开始逐步深入。先确保用户理解二次函数的一般形式，图像形状、顶点和对称轴的概念，这些都是基础。

然后需要分步骤讲解关键知识点，比如如何从一般式转化为顶点式，如何求顶点坐标和对称轴，以及如何求解根。可能用户在这里有困难，比如配方法或者求根公式的应用。需要详细解释这些步骤，并给出例子。

接下来，针对常见问题，用户可能容易混淆顶点坐标的符号，或者在使用公式时出错，比如忘记负号或分母部分。这时候需要指出常见错误，帮助用户避免。

然后，通过典型例题的练习，让用户逐步应用所学知识，从简单到复杂。每个例题后给出解答，并强调关键点，比如代入求值、分解因式、顶点式转换等。

最后，提供学习建议，比如制作图像卡片、每天练习特定类型的题目，以及整理错题。同时保持鼓励的态度，让用户有信心克服困难。

需要确保解释清晰，用初中生能理解的语言，避免使用复杂术语。同时，检查例题的难度是否合适，是否覆盖了用户可能遇到的困难点。可能还需要提醒用户如果有具体题目不会，可以继续提问，以便进一步获取帮助。

DeepSeek 给出的完整建议：

明白了！二次函数是初中数学的重要难点之一，但通过系统梳理和针对性练习，完全可以掌握。下面我帮你整理一个二次函数专项突破指南，从基础到应用逐步讲解，并搭配例题和常见错误分析。

一、二次函数核心知识框架

1. 基础概念

①定义：形如 $y=ax^2+bx+c(a\neq 0)$ 的函数。

②图像：抛物线（开口方向由 a 决定：$a>0$，向上；$a<0$，向下）。

③顶点：抛物线的最高点或最低点，坐标为 $\left(-\dfrac{b}{2a},\dfrac{4ac-b^2}{4a}\right)$。

④对称轴：直线 $x=-b/2a$。

2. 关键知识点分步突破

（1）从一般式到顶点式

1）目标：将 $y=ax^2+bx+c$ 转化为顶点式 $y=a(x-h)^2+k$，明确顶点坐标 (h,k)。

2）方法：配方法（重点！）

3）步骤：

①提取二次项系数：$y=a\left(x^2+\dfrac{b}{a}x\right)+c$。

②配方：$x^2+\dfrac{b}{a}x=\left(x+\dfrac{b}{2a}\right)^2-\dfrac{b^2}{4a^2}$。

③代入整理：$y=a\left[\left(x+\dfrac{b}{2a}\right)^2-\dfrac{b^2}{4a^2}\right]+c=a(x-h)^2+k$。

例题：将 $y=2x^2-4x+1$ 化为顶点式。

解答：

①提取系数：$y=2(x^2-2x)+1$。

②配方：$x^2-2x=(x-1)^2-1$

③代入：$y=2[(x-1)^2-1]+1=2(x-1)^2-1$，顶点为 $(1,-1)$。

（2）求抛物线与坐标轴的交点

1）与 y 轴交点：令 $x=0$，得 $y=c$，即交点为 $(0,c)$。

2）与 x 轴交点（求根）：解方程 $ax^2+bx+c=0$，根的判别式 $\Delta=b^2-4ac$。

① $\Delta>0$：两个不同实根，交点坐标为 $\left(\frac{-b\pm\sqrt{\Delta}}{2a}，0\right)$。

② $\Delta=0$：一个实根（顶点在 x 轴上）。

③ $\Delta<0$：无实根（抛物线与 x 轴无交点）。

3）例题：求 $y=x^2-2x-3$ 与 x 轴的交点。

4）解答：解方程 $x^2-2x-3=0$，因式分解得 $(x-3)(x+1)=0$，交点为 $(3, 0)$ 和 $(-1, 0)$。

（3）图像性质与参数关系

1）开口方向与大小：$|a|$ 越大，抛物线越窄；$|a|$ 越小，抛物线越宽。

2）平移规律：顶点式 $y=a(x-h)^2+k$ 表示将 $y=ax^2$ 向右平移 h、向上平移 k（注意符号！）。

二、二次函数常见问题与易错点

1. 易混淆点

1）顶点坐标符号：顶点横坐标是 $-\frac{b}{2a}$，容易漏掉负号。

2）根的公式：分子是 $-b+\sqrt{\Delta}$，分母是 $2a$，容易写错分母。

3）应用题建模：将实际问题转化为二次函数时，忽略定义域（如边长不能为负）。

2. 典型错误分析

错例：求 $y=-x^2+4x$ 的顶点坐标时，直接套用公式得出 $h=\frac{4}{2}=2$，但忘记公式中的负号，正确应为 $h=-\frac{4}{2\times(-1)}=2$，最终顶点是 $(2, 4)$。

三、专项练习（由易到难）

1. 基础题

1）将 $y=x^2-6x+5$ 化为顶点式，并指出开口方向、顶点、对称轴。

2）求 $y=-2x^2+8x-5$ 与 y 轴的交点坐标。

3）画出 $y=x^2-4x+3$ 的大致图像，并标出顶点和 x 轴交点。

2. 进阶题

1）已知抛物线顶点为 (1, −2)，且过点 (3, 6)，求函数解析式。

2）若二次函数 $y=ax^2+bx+c$ 的图像顶点在第二象限，试分析 a、b、c 的符号。

四、学习建议

1）图像记忆法：用 GeoGebra 软件画图，观察 a、b、c 变化对图像的影响。

2）每日一练：每天做 2 道不同题型的二次函数题（求解析式、最值应用题等）。

3）错题本：记录因公式不熟或计算粗心导致的错误，考前重点复习。

如果需要具体题目的解答或进一步讲解某个知识点，可以告诉我，我会详细为你分析！

可以看到，DeepSeek 针对二次函数的知识框架进行了梳理，还罗列出各种详细的知识点。针对每个知识点，提供了知识的讲解、对应的题目、参考的解题过程等。还量身定制地提供了从简单到复杂的专项练习题。最后给出了一个贴心的学习计划，建议每天做 2 道不同题型的二次函数题（求解析式、最值应用题等），包括记录因公式不熟或计算粗心导致的错误等。

3. 用 DeepSeek 进行量身定制的巩固测试

基于 DeepSeek 对你的学习诊断和评估结果，以及量身定制的学习计划，我们就可以针对性地对自己的知识弱项进行有计划的专项学习提升了。但我们完成专项学习提升之后，还可以进一步通过 DeepSeek 进行该项知识的巩固测试，确保自己对这些弱项知识已熟练掌握。

此时，我们只需要对 DeepSeek 说“二次函数我已经学会了，请根据我的情况对我进行巩固测试，确保我已经彻底掌握二次函数”。这里不再提供 DeepSeek 的输出，读者可以自己试一试。

通过 DeepSeek 这样的个性化辅导方案，孩子不但学习效率得到显著提升，知识掌握更加扎实，学习兴趣得到培养，自主学习能力也会不断增强。更重要的是，这种方式大大降低了教育成本，让更多家庭能够享受到优质的教育资源。

另外，值得一提的是，我们还可以通过 DeepSeek 自动进行作业批改。只需要将作业拍照，上传给 DeepSeek，告诉 DeepSeek“请批改”，DeepSeek 就会自动从照片中读取作业内容，快速识别文字并理解作业题目和答案。DeepSeek 不仅能判断答案正确与否，还能分析学生的解题思路和知识掌握程度，提供针对性的改进建议。

8.3 用 DeepSeek 进行课程及课件设计

在教学过程中，老师需要对自己所教授的课程进行充分的备课。然而，课程的设计、课件的制作，都需要消耗老师大量的时间和精力。尤其是课程大纲的制定、教学目标的设定、教学内容的整合以及课件 PPT 的制作，都需要花费大量的时间。老师不仅要深入研究教材，梳理知识点，还要考虑如何将这些内容以生动、有趣的方式呈现给学生，以提高他们的学习兴趣和参与度。同时，随着教育理念的不断更新和学生需求的多样化，教师还需要不断调整教学方法和内容，以适应不同的教学场景和学生群体。这一过程往往需要反复修改和完善，进一步增加了备课的复杂性和工作量。

而 DeepSeek 恰恰可以在以上这些工作中提供巨大的帮助，实现课程设计与课件制作的高效化、智能化和个性化，彻底释放教师的精力，使他们能够聚焦在更加重要的教学互动、学生指导和教学创新上。

如何通过 DeepSeek 高效且便捷地完成课程设计与课件制作呢？

8.3.1 确定教学主题

在利用 DeepSeek 进行教学准备之前，教师首先需要明确教学主题。以“勾股定理”为例，这是一个经典的数学概念，也是初中几何教学中的重要知识点。教师需要围绕这一主题，梳理出清晰的教学目标，例如帮助学生理解勾股定理的定义、证明方法，以及如何将它应用于实际。

8.3.2 构思教学大纲

确定了教学主题后，我们就可以让 DeepSeek 围绕这个主题展开工作。它能够通过强大的数据分析和智能生成能力，深入思考教学目标、内容结构和学生需求，进而构建一份既科学又富有创意的教学大纲。这份大纲不仅会涵盖勾股定理的核心知识点，还会巧妙融入多种教学方法和互动环节，为教师提供一份清晰、高效且富有启发性的教学指引。

我们只需要对 DeepSeek 说“生成一节课讲完勾股定理的教学大纲”，DeepSeek 就会主动思考，并自动输出下面的内容：

课程标题：探索勾股定理——直角三角形的秘密钥匙

教学目标

1）知识目标：理解勾股定理的数学表达及几何意义，掌握基础应用。

2）能力目标：能利用勾股定理解决简单实际问题，培养数形结合思维。

3）情感目标：感受数学与生活的联系，激发学生对数学史的兴趣。

课程大纲（40 分钟）

一、情境引入：从历史到生活（5 分钟）

1）互动提问：如何不用测量工具，判断墙角是否呈直角？

2）历史故事：

- 古埃及结绳法（3-4-5 直角三角形）。
- 中国古代《周髀算经》中的“勾广三，股修四，径隅五”。
- 毕达哥拉斯学派的发现（渗透数学文化）。

二、定理探究：从观察到证明（15 分钟）

1. 实验发现（小组活动）：

- 给出多个直角三角形边长数据（如 3-4-5、5-12-13）。

- 引导学生计算三边平方，发现关系式：$a^2+b^2=c^2$。

2. 定理表述：

- 文字描述：直角三角形的两条直角边的平方和等于斜边的平方。
- 公式表达：若直角边为 a、b，斜边为 c，则 $a^2+b^2=c^2$。

三、分层应用：从基础到拓展（15 分钟）

1. 基础练习（直接计算）：

- 已知两边求第三边（如 $a=6, b=8$，求 c 等于多少）。
- 强调区分斜边与直角边。

2. 生活应用（问题解决）：最短路径：长方体表面，蚂蚁爬行的最短距离。

3. 逆向思考：给出三边长度，判断是否为直角三角形（渗透逆定理）。

四、总结升华：知识网络构建（5 分钟）

1）思维导图：勾股定理 – 直角三角形 – 边角关系 – 实际应用。

2）易错点提醒：

- 仅适用于直角三角形。
- 计算时注意平方和开方的顺序。

可以看到 DeepSeek 通过生活化的问题引发学生思考，并引入数学历史故事，成功激发学生的学习兴趣，同时渗透数学文化，增强课程的趣味性和文化底蕴。该教学大纲既设计了实验探究环节，让学生在自主计算和观察中发现勾股定理，还设计了多层次的练习，在巩固了基础知识的同时，又拓展了学生的思维深度，提升了他们解决实际问题的能力。最后，利用思维导图帮助学生构建知识网络，并总结易错点，梳理知识体系，避免常见错误，进一步提升了学习效率。

8.3.3 梳理教学知识点

再接下来，让 DeepSeeK 帮我们提炼出这个教学大纲中的教学知识点。这样我们就可以基于这些知识点，进一步制作相应的课件。

我们只需要对 DeepSeek 说“帮我提炼出知识点有哪些”，DeepSeek 就会根据上面的教学大纲自动提炼需要讲解的知识点。从下面 DeepSeek 的思考过程中可以看到，它准确地推断出了我们的老师身份，而且整个知识点的提炼思路也非常精准。

以下是 DeepSeek 的完整思考过程：

好的，用户之前让我帮忙生成勾股定理的教学大纲，现在他问“帮我提炼出知识点有哪些”。我需要先回顾之前的对话，看看之前提到的内容有哪些知识点。

首先，用户需要的是提炼知识点，可能是在准备课程内容或者复习材料，希望有一个清晰的知识点列表。之前的教学大纲里已经涵盖了定理表述、证明方法、应用实例、历史背景等，但用户现在要的是更简明的列表，而不是详细的教学步骤。

接下来，我要确定用户的使用场景。可能是老师备课需要知识点总结，或者学生复习用。如果是老师，可能需要结构化的知识点以便于教学；如果是学生，可能需要重点和难点梳理。用户之前要求的是教学大纲，所以更可能是教师用户，需要知识点来安排课程内容。

用户的真实需求可能不仅仅是列出知识点，而是希望这些知识点有条理、分层次，便于教学或学习。可能需要将知识点分基础、进阶、应用等类别，或者按逻辑顺序排列。另外，用户可能希望知识点覆盖定理本身、证明、应用以及相关概念（如勾股数）。

需要检查之前的回答是否有遗漏的知识点。比如，逆定理是否被提及？在之前的单课时大纲里提到了逆定理的探究，但可能没有详细展开，所以在提炼时需要明确包括逆定理。另外，勾股数的例子和判断方法也是重要的知识点。

还要注意用户可能需要区分核心知识点和扩展内容，比如历史背景可能属于扩展，而定理的公式和应用是核心。所以知识点需要分层次，先核心后扩展。

最后，整理这些内容时要注意逻辑顺序，可能从定理的表述开始，接着是证明方法，然后是应用，最后是相关概念和历史背景。同时，要使用简洁明了的语言，每个知识点用一两句话概括，方便用户快速浏览和记忆。

以下是 DeepSeek 思考后完整输出的知识点：

1. 基础概念

（1）定理表述

1）文字：直角三角形中，斜边的平方等于两直角边的平方和。

2）公式：$a^2+b^2=c^2$（a、b 为直角边，c 为斜边）。

（2）适用条件

仅适用于直角三角形，非直角三角形需用余弦定理。

2. 核心应用

（1）已知两边求第三边

1）分类：已知两直角边求斜边，或已知一斜边一直角边求另一直角边。

2）步骤：①识别直角边和斜边；②代入公式计算；③取算术平方根。

（2）实际问题

1）测量问题（如旗杆高度、梯子滑动距离等）。

2）几何图形中的计算（如矩形对角线长度）。

（3）数轴上两点距离公式

两点 (x_1, y_1) 和 (x_2, y_2) 的距离：$(x_2-x_1)^2+(y_2-y_1)^2$。

3. 拓展知识

（1）勾股定理的逆定理

1）若三角形满足 $a^2+b^2=c^2$，则它是直角三角形。

2）勾股数（毕达哥拉斯三元组）。

3）定义：满足 $a^2+b^2=c^2$ 的正整数组合（如 3、4、5；5、12、13）。

4）生成规律：$a=m^2-n^2$，$b=2mn$，$c=m^2+n^2(m>n>0)$。

4. 易错点与注意事项

1）混淆直角边与斜边：强调公式中 c 必须为斜边。

2）忽视单位统一：实际问题中需确保边长单位一致再代入计算。

3）算术平方根漏解：计算时注意只取正数解（边长非负）。

传统的 PPT 制作方式往往需要教师从零开始，收集素材、设计排版、插入图表和动画，整个过程不仅耗时费力，还容易因精力有限而影响课件的质量。老师往往需要反复修改，以确保内容的准确性和视觉效果的吸引力，这无疑让教师非常费神。

然而，借助 AI 技术自动生成 PPT，这一过程将变得高效且轻松。AI 可以根据教学大纲和内容自动生成精美且结构清晰的 PPT，不仅能够快速整合文字、图表、图片和动画，还能根据教学主题智能匹配合适的风格和模板。生成的 PPT 不仅在视觉上具有吸引力，还能确保内容的逻辑性和连贯性。更重要的是，AI 的自动化功能让老师可以彻底解放双手，将更多时间和精力投入教学设计和学生互动中，从而提升教学效果和质量。

先让 DeepSeek 帮我们把大纲和知识点融合起来，并以 Markdown 的格式进行输出。

我们可以对 DeepSeek 说“帮我把大纲和知识点的内容进行融合，并以 Markdown 的格式输出”。

DeepSeek 的输出：

勾股定理教学大纲与知识点全解

一、课程目标

1. 知识目标

- 掌握勾股定理的公式表达（$a^2+b^2=c^2$）与几何意义。
- 理解两种证明方法（几何拼图法、代数推导法）。

2. 能力目标

- 能解决直角三角形三边计算问题，辨识勾股数（如 3、4、5）并理解其规律。

3. 素养目标

- 体会数学文化价值，培养空间建模思维。

二、教学流程与知识点融合

1. 情境引入（10 分钟）

（1）核心知识点

```Markdown
❑ 定理表述：直角三角形中，斜边平方等于两直角边的平方和。
❑ 历史背景：中国《周髀算经》记载与西方毕达哥拉斯学派。
```

（2）教学活动

❑ 问题导入：如何测量不可攀爬的旗杆高度？

❑ 动态演示：用直角三角形模型分解三边关系。

———

2. 定理证明（15 分钟）

（1）核心知识点

```Markdown
❑ 几何拼图法：用 4 个全等直角三角形 +1 个小正方形进行面积守恒验证。
❑ 代数推导法：通过相似三角形面积比例推导公式。
❑ 易错提醒：必须为直角三角形（逆定理后续延伸）。
```

（2）教学活动

❑ 学生分组用纸板拼图验证定理。

❑ 用 GeoGebra 动态演示面积重组过程。

———

3. 基础应用（15 分钟）

（1）核心知识点

```Markdown
三边计算：
①分类：已知两直角边 / 已知斜边 + 一直角边。
```

②公式：$c=(a^2+b^2)$ 或 $a=(c^2-b^2)$。

❑ 实际问题：梯子滑动、矩形对角线等。

❑ 易错点：单位统一、算术平方根取正。

```

（2）分层练习

```Markdown

①基础题：直角边 6 和 8，求斜边？

②提高题：斜边为 10，一腰为 6，求另一腰是多少？

③拓展题：验证 (7, 24, 25) 是否为勾股数。

```

———

4. 总结拓展（10 分钟）

（1）核心知识点

```Markdown

❑ 逆定理：若 $a^2+b^2=c^2$，则为直角三角形。

❑ 勾股数生成：$a=m^2-n^2, b=2mn, c=m^2+n^2(m>n>0)$。

❑ 跨学科应用：数轴两点距离公式 $[(x_2-x_1)^2+(y_2-y_1)^2]$。

```

（2）课后任务

❑ 基础作业：3 道三边计算题。

❑ 探究任务：设计家居物品高度测量方案（需附示意图）。

———

三、知识图谱（Mermaid 可视化）

```Mermaid

graph LR

A[ 勾股定理 ] --> B{ 基础概念 }

A --> C{ 证明方法 }

```
A --> D{ 应用场景 }
B --> B1["$a^2 + b^2 = c^2$"]
B --> B2[" 仅限直角三角形 "]
C --> C1[" 几何拼图法 "]
C --> C2[" 代数推导法 "]
D --> D1[" 测量问题 "]
D --> D2[" 几何图形计算 "]
D --> D3[" 坐标系距离公式 "]
```

四、教学资源

资源类型	具体内容
动态工具	GeoGebra面积重组动画
文化素材	《周髀算经》“勾三股四弦五”原文+译文
习题库	按难度分级的20道练习题

五、易错点专项

1. 公式错位

❑ 错误案例：将斜边c代入直角边位置。

❑ 纠正方法：用颜色标记直角边（蓝色）与斜边（红色）。

2. 单位混淆

❑ 典型错误：3米+4分米直接代入计算。

❑ 纠正练习：单位换算专项题。

3. 忽略非直角

❑ 错误案例：在等腰三角形中误用勾股定理。

❑ 诊断方法：先验证是否为直角三角形。

设计说明：本方案通过“问题驱动 - 动手验证 - 分层训练”三阶段实现知识建构，关键概念用反引号（`）突出显示。

接下来打开 KIMI 款国产 AI 工具（https://kimi.moonshot.cn），先单击图 8-9 中框起来的图标，再选择“PPT 助手”选项。

图 8-9　选择“PPT 助手”选项

为确保 DeepSeek 生成的 Markdown 格式内容能够顺利转换为演示文稿，首先需要将全部内容完整复制至指定对话框。该对话框作为后续操作的核心载体，其内容的完整性直接决定了最终生成的 PPT 的准确性。

完成内容复制后，请在操作界面中单击“一键生成 PPT”按钮。此操作将启动系统的 PPT 生成流程。随后，系统将呈现一个模板选择界面，其中包含多种风格的 PPT 模板，例如简约商务风、清新淡雅风、活泼创意风等。用户可根据实际需求与个人偏好，选择最契合内容的主题与展示风格的模板。

选定模板后，单击“生成 PPT”按钮，KIMI 将自动执行 PPT 制作任务。KIMI 将依据 Markdown 内容的结构与逻辑，智能布局文字与图片等元素，并依据所选模板风格调整字体、颜色、背景等视觉要素，确保生成的 PPT 既美观又专业。

整个流程设计简洁高效，显著节省了手动制作 PPT 的时间与精力，使用户能够更专注于内容创作。在选定模板后，KIMI 将自动根据输入的知识点内容自动完成每一页 PPT 的制作，最终形成一个完整的课件 PPT。

用户若需修改内容，可单击“去编辑”按钮进行在线编辑。完成编辑后，可直接下载导出（见图 8-10），获得一份内容齐全、排版精美的课件 PPT。

图 8-10 下载 KIMI 自动生成课件 PPT 示例

最后，我们制作出了一份内容丰富、讲解有创意、排版精美的课件 PPT。但 DeepSeek 的功能远不止于此，它还能帮助我们生成与课程配套的课后练习题。这一步操作非常简单，只需要对 DeepSeek 说“请提供课后练习题”，它就会自动根据课程内容的核心知识点，快速整理出一份高质量的练习题。

这些练习题不仅考点覆盖全面，能够精准对应课堂所学的重点和难点，而且形式丰富多样，包括选择题、填空题、简答题和应用题等多种类型。更重要的是，DeepSeek 生成的题目富有创意，既能够巩固学生的基础知识，又能激发他们的思维能力，引导他们将所学知识应用到实际问题中。

从课程大纲的制定到教学目标的设定，再到教学内容的整合以及课件 PPT 的制作，每一步都考验着教师的专业素养与创新能力。同时，教师还需紧跟教育理念的更新，不断调整教学方法和内容，以满足多样化的学生需求。

第9章 CHAPTER

DeepSeek 私有化部署

随着人工智能技术的快速发展，大语言模型在企业应用中扮演的角色越来越重要。然而，如何在确保数据安全的前提下，充分发挥 AI 模型的能力？这成为众多企业关注的焦点。

DeepSeek 作为一款强大的国产开源大语言模型，其私有化部署方案为企业提供了理想的解决方案。但具体应该如何进行私有化部署？需要考虑哪些关键因素？如何确保部署后 DeepSeek 稳定运行？这些都是企业在实施过程中必须面对的问题。本章将详细解答这些疑惑，帮助大家轻松实现 DeepSeek 的私有化部署。

9.1 DeepSeek 私有化部署的定义与价值

在数字化转型的进程中，企业不仅需要高效、智能的工具来提升运营效率，还需确保数据安全与满足隐私保护要求。DeepSeek 私有化部署正是为解决这一需求而生的，它通过将 DeepSeek 智能助手从公共云端迁移至企业内部服务器，为企业提供了一种安全、可控且高度定制化的解决方案。这种部署方式不仅能够满足企业对敏感数据的保护需求，还能根据具体业务场景进行灵活调整，从而为企业数字化转型提供强有力的支持。

9.1.1 DeepSeek 私有化部署的定义

想象一下，DeepSeek 就像一位才华横溢的智能助手，它能够高效完成写作、编程、数据分析等多种任务。通常情况下，这位助手“居住”在云端的“公寓”中（即公共云服务器），企业通过网络与其进行交互。然而，出于对数据安全、隐私保护以及特殊业务需求的考量，许多企业希望将这位智能助手“请”到自己的“家”中（即企业内部服务器），以便更好地掌控其使用环境。

DeepSeek 私有化部署，正是将这位智能助手从公共云端迁移至企业内部服务器的过程。这一过程类似于将一位能力出众的员工正式引入公司：企业需要为其搭建适合的工作环境（硬件设施），配置必要的工具（软件环境），并确保其能够在企业内部网络中稳定运行。

通过私有化部署，企业可以完全掌控 DeepSeek 的使用环境，所有数据交互都在企业内部的网络中进行，就像在自己家里办公一样，既安全又便捷。这种方式不仅能够有效保护企业的敏感信息，还能根据具体需求对模型进行定制化调整，使其更好地服务于企业的特定场景，从而为企业的数字化转型提供更加精准和高效的智能支持。

9.1.2　DeepSeek 私有化部署的价值

或许你心中会产生这样的疑问：明明 DeepSeek 的官方网站以及其他众多网络平台都已经开放了对 DeepSeek 的使用权限，任何人都可以方便地通过这些渠道来访问和利用 DeepSeek 的功能，那么在这种情况下，我们为何还要选择投入额外的时间和资源，去进行 DeepSeek 的私有化部署呢？这样的做法与直接使用现有资源相比，似乎显得有些多此一举，甚至可能带来不必要的复杂性和成本增加。

因此，我们需要清楚地了解私有化部署能为企业带来哪些核心价值。就像选择将重要文件存放在自己的保险箱，而不是公共储物柜一样，私有化部署有其独特的优势。

1. 数据安全与隐私保护

企业在日常运营中会产生大量敏感数据，包括商业机密、客户信息、研发数据等。通过私有化部署，所有数据的处理和存储都在企业内部进行，避免了数据外传的风险，确保企业核心资产的安全性。

想象一下，如果你正在与一位助手讨论公司的商业机密或者重要客户信息，你当然希望这场对话是在私密空间进行的。DeepSeek 私有化部署就像在企业内部搭建了一个隔音效果极佳的会议室，所有的对话和数据交互都在这个安全的空间内完成，不用担心信息泄露到外界。

这些企业敏感和隐私数据具体包括但不限于商业机密文件、客户的个人信息和交易记录、研发过程中的技术数据和实验结果、内部财务报表、战略规划文档以及其他任何可能对企业运营和竞争力产生重大影响的信息。通过私有化部署，企业能够对这些数据进行全方位的保护，确保其在内部流转和使用过程中不被非法获取或滥用。

2. 定制化需求与场景适配

不同企业有着独特的业务场景和专业领域，这些行业都有着独特的行业知识。例如金融行业，涉及金融市场的运作机制、金融产品的定价模型以及风险管理策略等行业知识。又例如工程行业，涉及工程项目的管理流程、结构设计原理以及施工技术标准等。而对于这些特殊的行业知识，DeepSeek 并未在预训练时充分学习过。

针对这些企业独特的行业知识和专业领域，私有化部署让企业能够根据自身需求对模型进行微调和优化，比如注入行业知识、调整响应策略、自定义功能等，使模型更好地服务于特定的业务场景。

就像一位新员工需要了解公司的业务知识才能更好地工作一样，DeepSeek 通过私有化部署后，可以接受企业特定领域的知识训练。

比如，一家医疗器械公司可以让 DeepSeek 学习相关的专业术语和行业规范，使其能更准确地理解和处理医疗相关的任务。这种定制化能力让 AI 助手更贴合企业的实际需求。

3. 稳定性与响应速度

私有化部署在企业内部网络环境中运行，完全独立于公共互联网，因此不会受到公网带宽波动和延迟的任何影响。这种部署方式能够为企业提供更加稳定、更加快速的服务响应，确保业务流程的高效运转。与此同时，企业还可以根据自身的实际使用需求，灵活地调配内部资源，从而确保服务质量的持续优化和提升。

设想一下，如果你在工作中突然需要紧急处理一项至关重要的任务，你肯定希望你的助手能够立即响应，迅速投入工作中去，而不是因为网络拥堵或其他外部因素而导致响应延迟。私有化部署就像是把原本远程办公的员工直接调到了公司内部的办公环境中，省去了他们通勤的时间，使他们能够随时待命，快速响应各种工作需求，极大地提高了工作效率。

此外，企业还可以根据实际的使用情况和业务需求，配置更加先进的硬件设施，进一步提升系统的处理能力和响应速度。这样不仅能够确保服务的流畅性和稳定性，还能为企业的长远发展提供强有力的技术支撑，使企业在激烈的市场竞争中占据有利地位。

9.2　典型的方案和流程

私有化部署 DeepSeek 就像是在企业内部搭建一个智能工作站，需要合理地规划和专业地实施。想象一下，这就像要在公司内部设立一个全新的智能部门，我们需要先选择合适的“人才”（模型），然后为其准备“办公环境”（硬件设施），接着帮助他们“入职”（部署），最后开始正式“工作”（运行）。让我们通过以下 3 个关键步骤，详细了解如何完成这个过程。

9.2.1　模型版本及硬件选型

首先，我们要进行模型选型。就像招聘员工要根据岗位需求选择合适的人选一样，选择合适的模型版本是成功部署的第一步。

企业可以根据自身需求、硬件条件和应用场景，选择最适合的模型版本。建议从较小的模型开始尝试，随着需求的增长逐步升级到更高性能的版本。

为模型打造合适的运行环境，就像为新员工准备一个称心如意的工作空间一样重要。

不同能力等级的模型，需要与之匹配的硬件支持。就像初级助理可能只需要一台普通办公电脑，而资深专家则需要配备更专业的设备一样。我们需要根据不同模型的特点，精心规划和准备相应的硬件环境，确保它们能够充分发挥自身潜力。

这不仅是对模型性能的负责，更是对企业资源的合理利用。通过为每个模型版本提供最适合的硬件配置，我们能够在保证模型稳定运行的同时，实现资源利用的最优化。

表9-1所示是DeepSeek各个版本所需的硬件配置参考，实际使用中可根据参考进行相应的调整。

就像不同级别的员工需要不同规格的办公设备一样，选择合适的硬件配置不仅能确保模型的流畅运行，还能帮助企业实现资源的最优配置。建议在部署前详细评估企业现有的硬件条件，选择最适合的模型版本。

9.2.2 模型部署

当硬件准备好之后，我们可以采用Ollama把需要的模型从云端部署到本地。

Ollama是一个开源框架，专为在本地机器上便捷部署和运行大型语言模型而设计。允许用户在本地计算机上轻松下载、运行和管理大型语言模型，就像在电脑上安装一个软件一样简单。它提供了一个简单的方式来加载和使用各种部署好的大型语言模型，支持文本生成、翻译、代码编写、问答等多种自然语言处理任务。

Ollama的目标是简化在Docker容器中部署大型语言模型的过程，使得非专业用户也能轻松上手。它支持macOS（特别是针对Apple Silicon进行了优化）、Linux、Windows（预览版）以及Docker容器化部署，用户可以根据自己的硬件环境和使用需求选择合适的平台进行模型的运行。

Ollama将复杂的模型下载、安装、运行过程标准化，使用起来像运行一个命令行工具，非常简单。用户只需通过简单的一个命令，就可以自动下载或运行所需的模型。

我们可以到Ollama官网（https://ollama.com/）去下载Ollama客户端，如图9-1所示。

根据系统环境的类型，选择对应的版本进行下载，如图9-2所示。

表 9-1　DeepSeek 各个版本所需的硬件配置参考

模型名称	特点	比喻	适用场景	优势	最低配置	推荐配置	适用硬件
DeepSeek-R1-1.5B	轻量级模型，运行速度快，但推理能力有限	初级助理，快速处理简单日常工作	硬件配置有限的小型企业，基础问答、简单文案生成	部署简单，响应迅速，硬件要求低	8GB 显存，16GB 内存	16GB 显存，32GB 内存	入门级 GPU，如 RTX 3060
DeepSeek-R1-7B	平衡性能与资源消耗，适合中等复杂度任务	经验丰富的专员，处理日常任务得心应手	中小型企业，多轮对话、代码补全等需求	性能与资源消耗平衡，部署门槛适中	16GB 显存，32GB 内存	24GB 显存，64GB 内存	中端 GPU，如 RTX 4070Ti
DeepSeek-R1-8B	性能略强于 7B，适合更高精度需求	资深专员，工作质量更有保障	对精度要求较高的中型企业	保持适中资源消耗的同时提供更好的输出质量	16GB 显存，32GB 内存	24GB 显存，64GB 内存	中端 GPU，如 RTX 4070Ti
DeepSeek-R1-14B	高性能模型，擅长复杂任务	部门经理，能够处理复杂的专业问题	需要处理数学推理、代码生成等复杂任务的企业	强大的推理能力，高质量输出	24GB 显存，48GB 内存	32GB 显存，96GB 内存	高端 GPU，如 RTX 4090
DeepSeek-R1-32B	专业级模型，性能强大，适合高精度任务	专业领域的专家顾问，深度理解专业问题	需要处理法律文档分析等高精度任务的大型企业	专业领域理解深入，分析能力出色	32GB 显存，64GB 内存	48GB 显存，128GB 内存	专业级 GPU，如 A5000
DeepSeek-R1-70B	顶级模型，性能卓越，适合大规模计算和高复杂度任务	首席专家，能够处理最具挑战性的问题	需要进行大规模计算、复杂商业决策分析的大型企业	超强的分析和推理能力，最佳的输出质量	64GB 显存，128GB 内存	80GB 显存，256GB 内存	企业级 GPU，如 A100
DeepSeek-R1-671B	满血版，性能最强，适合超高精度需求	专家团队，能够解决最前沿的复杂问题	前沿科学研究、复杂推理任务的研究机构	最强大的计算能力，最精确的分析结果	512GB 显存，1TB 内存	768GB 显存，2TB 内存	多卡集群配置，如多张 A100 或 H100

图 9-1　Ollama 官网

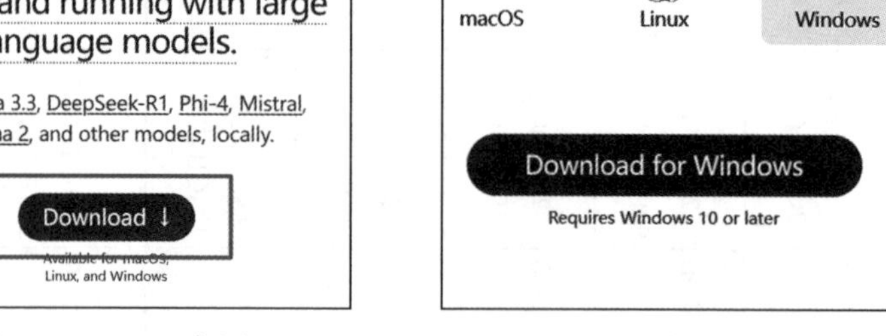

图 9-2　选择对应的版本

以 Windows 环境为例，我们下载 Ollama 的 Windows 安装包 OllamaSetup.exe 之后，只需要双击它就可以自动安装 Ollama，如图 9-3 所示。

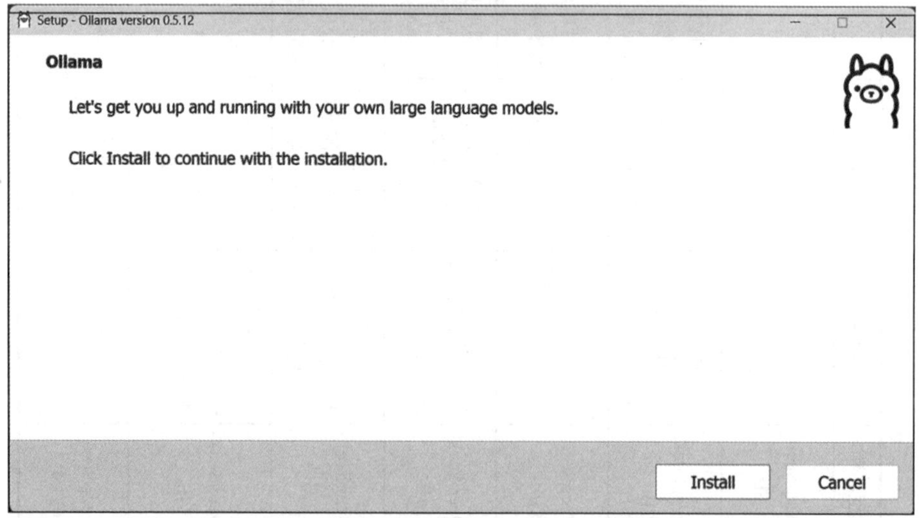

图 9-3　安装 Ollama

安装完成后，我们在 Windows 应用程序中就能找到 Ollama 并运行它，如图 9-4 所示。

图 9-4　运行 Ollama

需要注意的是，Ollama 运行之后，并不会出现一个窗口界面，而是在我们 Windows 右下角的任务栏中会出现一个 Ollama 的图标，如图 9-5 所示。

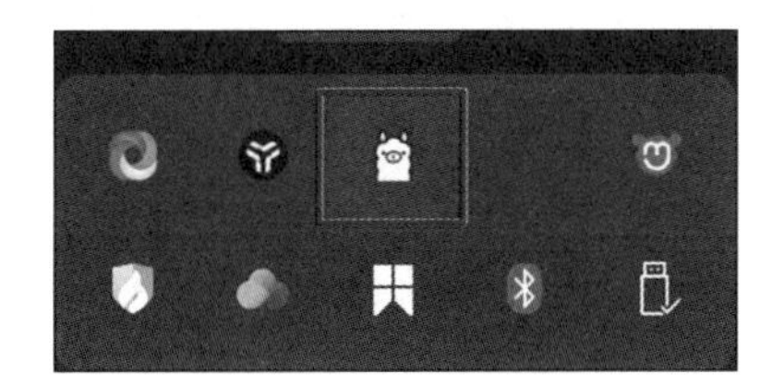

图 9-5　Ollama 图标

如何验证 Ollama 已经在我们的 Windows 中成功地运行起来了呢？我们可以打开浏览器，输入"localhost:11434"，如果出现一行文字"Ollama is running"，就证明 Ollama 已经成功地运行起来了，如图 9-6 所示。

图 9-6　验证 Ollama 已经成功运行

再次提醒，Ollama 并没有可视化的界面，而是通过命令行来执行任务的。Windows 命令行就像是电脑的"遥控器"，你可以通过输入不同的指令来让电脑做各种事情。因此，接下来，我们就需要通过 Windows 的命令行，用 Ollama 来下载需要的模型到本地计算机。可以在 Windows 图标上右击，在弹出的菜单中选择“终端管理员”，启动 Windows 命令行，如图 9-7 所示。

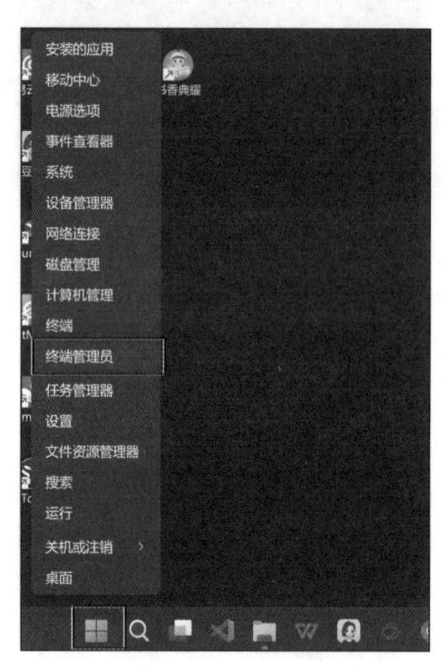

图 9-7　启动 Windows 命令行

命令行正常启动后，会像图 9-8 所示这样。

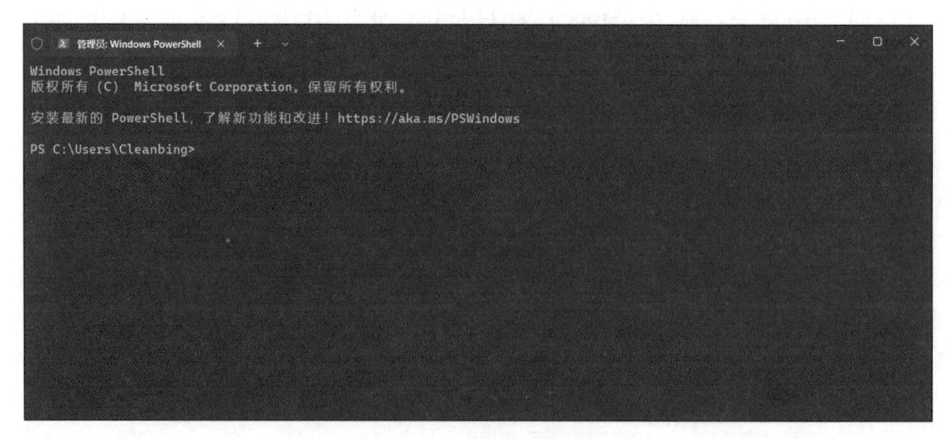

图 9-8　命令行界面

此时，我们只需要输入命令“ollama pull deepseek-r1:8b”就可以下载对应的模型到本地计算机了，如图 9-9 所示。这里的“deepseek-r1:8b”就是我们要下载的模型的名称。例如“ollama pull deepseek-r1:1.5b”就表示我们要下载的模型是 deepseek-r1:1.5b。

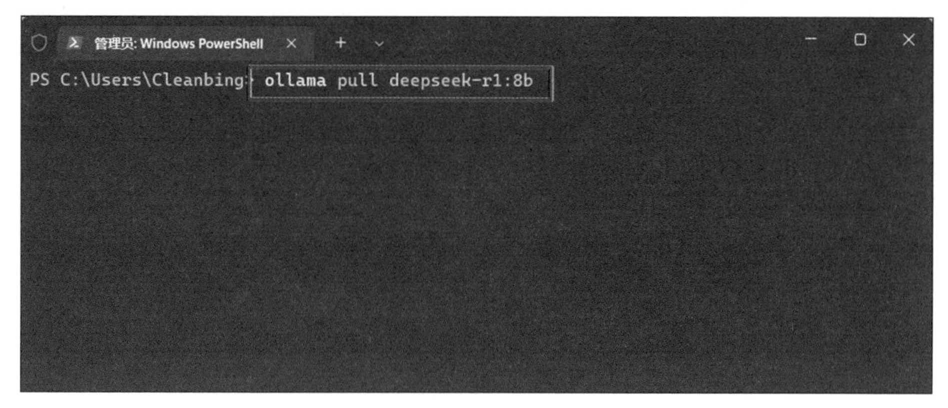

图 9-9　下载模型到本地计算机

执行命令后，Ollama 就自动启动了下载对应模型到本地计算机的任务。因为模型一般都比较大，我们需要等待一段时间让 Ollama 完成模型的下载。下载过程中，可以看到 Ollama 命令行会显示下载的进度、下载速度、预计还需要的时间等信息，如图 9-10 所示。

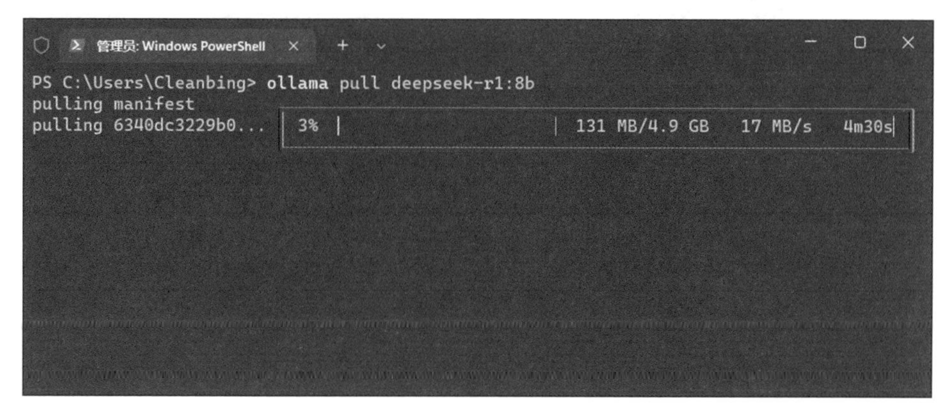

图 9-10　显示过程信息

当模型成功下载完成后，我们会看到下面的提示，如图 9-11 所示。

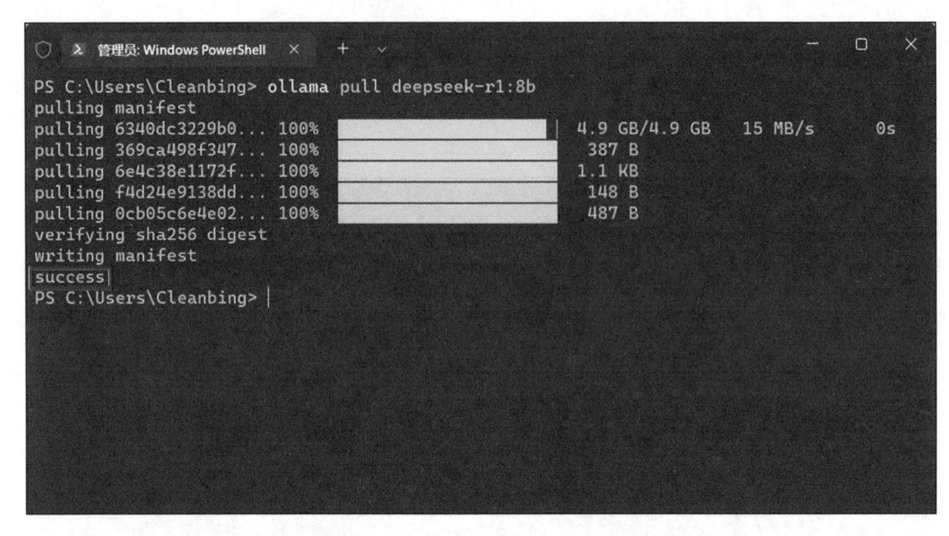

图 9-11　提示信息

此时，我们也可以用命令“ ollama list”来查看本地已经成功下载的模型有哪些。可以看到 deepseek-r1:8b 已经在本地模型列表中了，如图 9-12 所示。

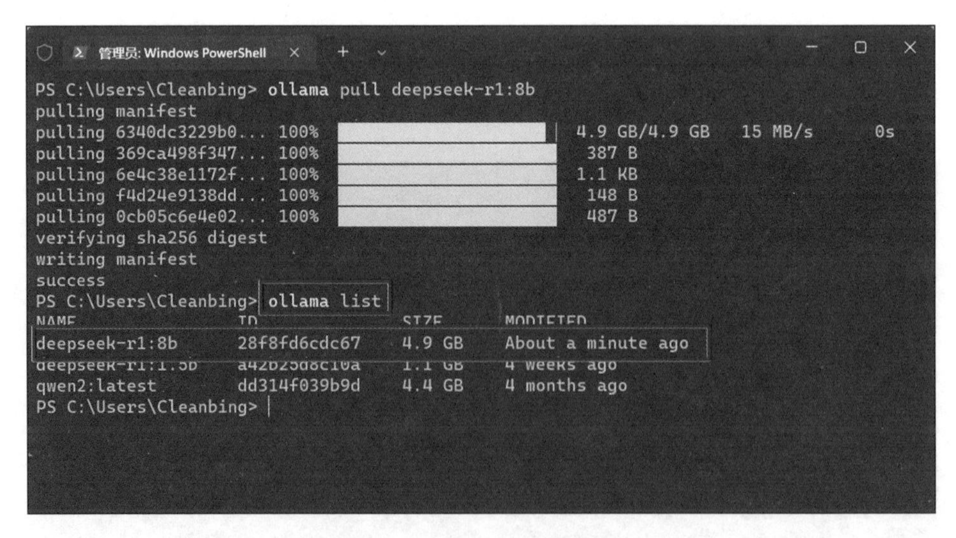

图 9-12　查看成功下载的模型

这里我们也可以看到，通过 Ollama 可以下载多个模型到本地，通过“ollama list”都能查看到。

你可能很疑惑，这些模型的名称是从哪里得到的呢？我们只需要到 Ollama 的官网（https://ollama.com/），顶部有一个模型搜索框。只需要单击一下，热门的模型关键词自动就会出来，可以看到 DeepSeek-R1 成了当之无愧的第一名热搜模型，如图 9-13 所示。

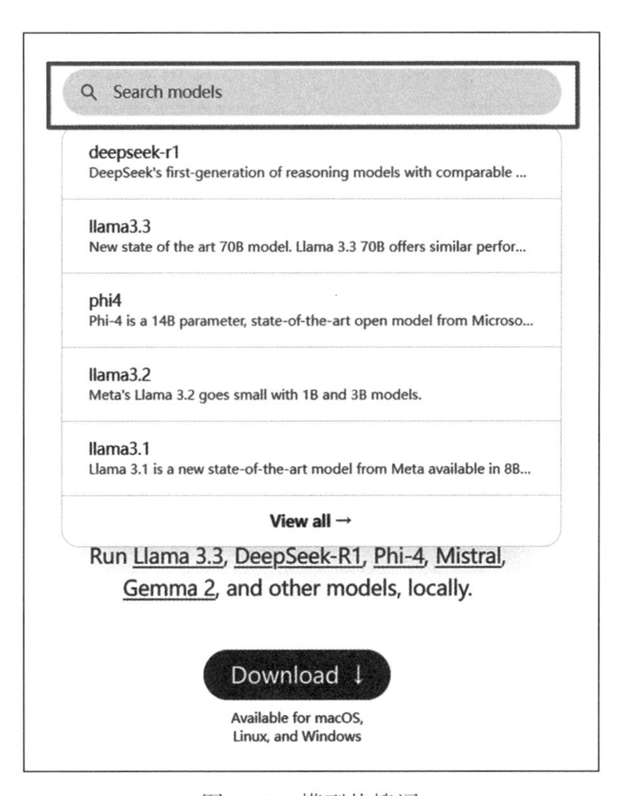

图 9-13　模型热搜词

我们单击一下热搜词“deepseek-r1”，就会来到 deepseek-r1 模型主题页面，这里可以看到切换 DeepSeek-R1 模型的参数类型，而右侧显示的就是这个参数类型对应的模型名称，如图 9-14 所示。因此“deepseek-r1”这个模型名称，对应的是 7b 参数类型的 DeepSeek 模型。

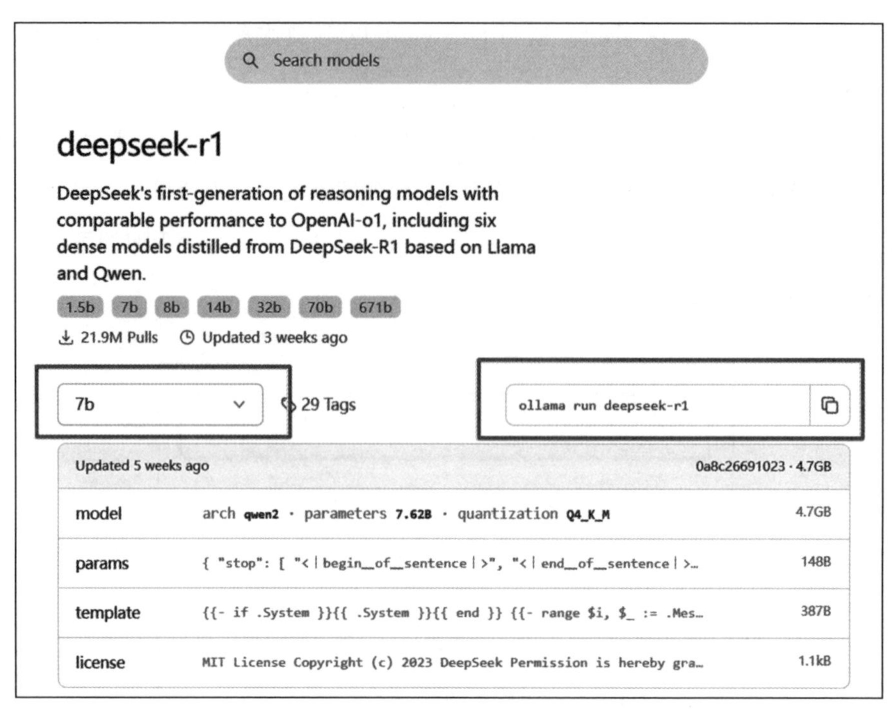

图 9-14 deepseek-r1 模型主题页面

我们可以通过参数类型选择框，将参数类型切换为“8b”，如图 9-15 所示。

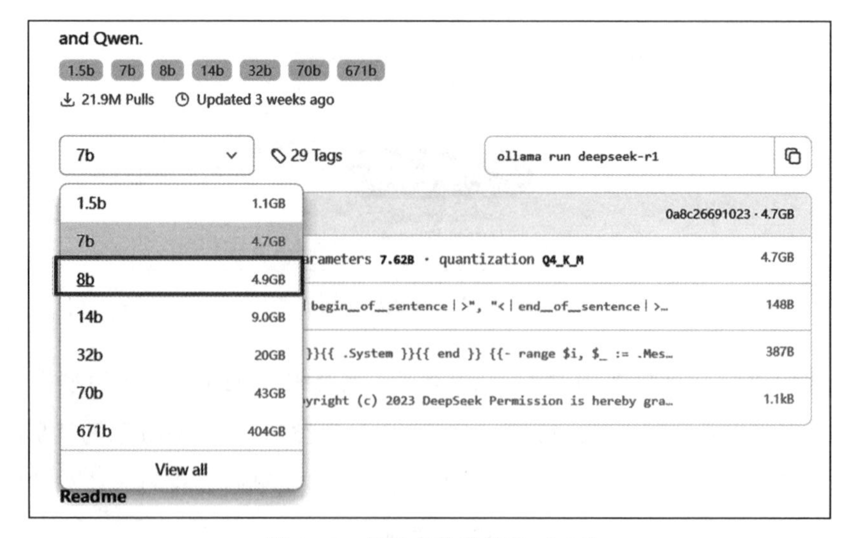

图 9-15 切换参数类型为“8b”

此时我们可以看到右侧的模型名称变成了 deepseek-r1:8b，这就是 8b 参数类型对应的 DeepSeek 模型的名称，也正是上述模型部署步骤中示例命令中模型的名称，如图 9-16 所示。

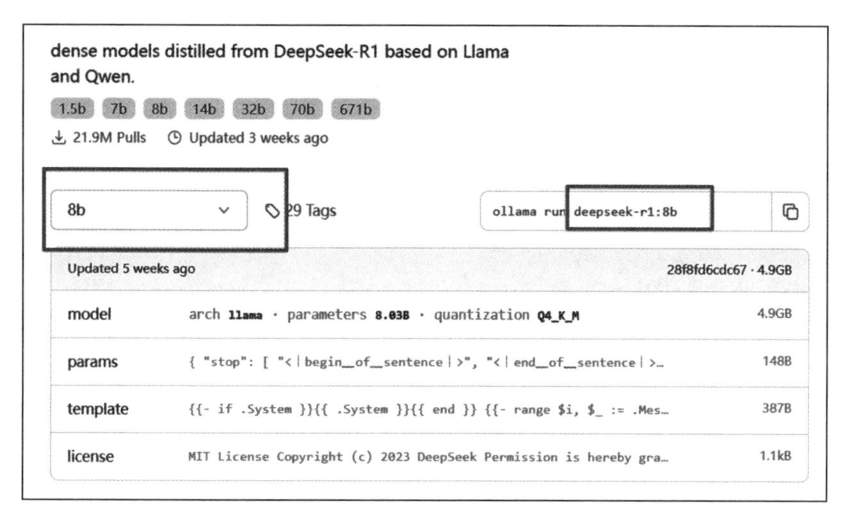

图 9-16　模型名称变成了 deepseek-r1:8b

9.2.3　运行模型

模型成功下载完成之后，就进入部署的最后一步，也是最激动人心的一步——在本地计算机运行我们下载好的模型。模型的私有化运行，全部依靠本地计算机的计算能力，不再依靠任何网络环境。这意味着哪怕你断开了本地计算机的网络连接，仍然可以在本机运行大模型。这就是模型私有化运行带来的充分的安全性和隐私性的优势。

有了 Ollama 的模型管理能力的加持，运行模型只需要一行命令“ollama run deepseek-r1:8b”就能轻松完成（见图 9-17），同理，这里的 deepseek-r1:8b 是我们刚才下载到本地计算机的模型名称。

运行成功后，可以看到出现了一个 >>> 符号，提示“Send a message”，在这里，我们就可以输入想问 DeepSeek 的问题，就像我们在 DeepSeek 官网的输入框中输入问题一样，只不过 DeepSeek 官网提供的是一个可视化的文字输入框，而这里是一个命令行方式的问题输入框。

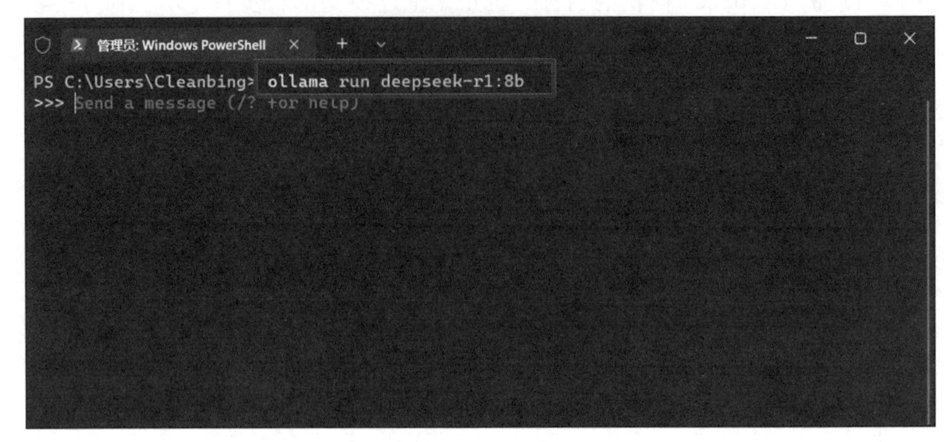

图 9-17 通过命令运行模型

我们输入问题后，按回车键，就可以看到本地 DeepSeek-R1 模型开始在思考我们的问题并在思考之后给出了漂亮的答案。此时，就是我们私有化运行的 DeepSeek 模型在回答我们的问题，如图 9-18 所示。

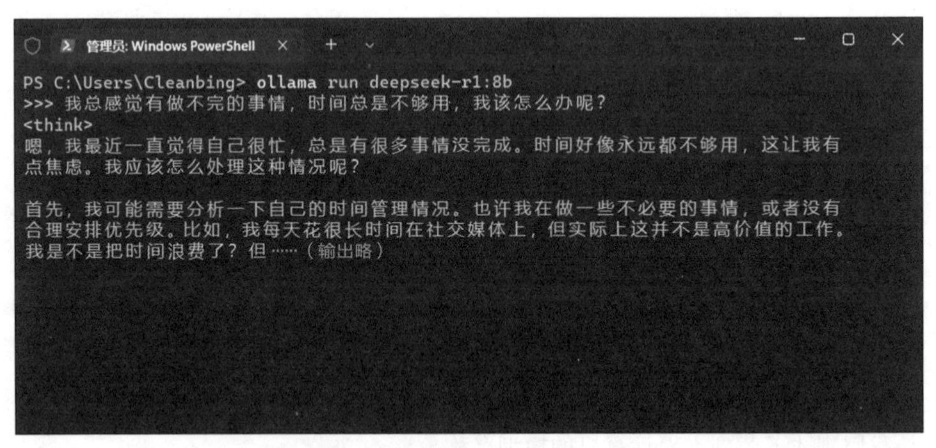

图 9-18 私有化运行的 DeepSeek 模型

此时，我们本地私有化部署的 DeepSeek 就开始为我们工作了，犹如我们聘请了一位优秀的员工为我们工作一样。你不用再担心官网 DeepSeek 繁忙而无法使用 DeepSeek 了。而且你和本地私有化部署的 DeepSeek 可以做到无话不说，无须担心隐私泄露的风险等。

经过以上 3 个步骤，就可以轻松完成 DeepSeek 模型的本地私有化部署以及本地化运行。当然，这就像新员工需要一段时间适应工作环境一样，建议在 DeepSeek 私有化部署完成的初期，多进行测试和优化，确保 DeepSeek 模型在实际应用中发挥最佳性能。同时，保持与 DeepSeek 技术社区的互动，及时获取最新的部署经验和优化建议，这样可以让你的 AI 助手越来越得心应手。

10

|第 10 章| C H A P T E R

DeepSeek 的未来发展趋势

随着 AI 技术的飞速发展，DeepSeek 等 AI 工具正在逐渐改变我们的生活和工作方式。本章接下来所描绘的场景，是基于当前技术发展轨迹的合理预测，而非对特定技术和发展的确定性断言。切记，这些预测不仅适用于 DeepSeek，也可能是其他 AI 工具在未来实现的场景。

无论是通过自然语言交互的深化、多模态感知的融合，还是普惠化成本的控制，AI 技术的演进方向正在成为整个行业的共同课题。未来，AI 赋能教育、医疗、金融等领域的趋势已清晰可见。这不仅是对技术潜力的理性展望，更是对人类智慧不断进化的信心。

10.1 DeepSeek 探索未来可能

DeepSeek 作为 2025 年全球范围内迅速崛起的人工智能公司，其发展轨迹不仅反映了技术创新的突破，更折射出 AI 与普通人生活深度融合的趋势。结合当前公开信息和行业动态，以下从技术演进、用户生态、全球化布局、伦理挑战以及未来想象 5 个方面进行预测与分析。

10.1.1 技术演进：从好用到懂你

DeepSeek 的核心竞争力在于其“对话友好性”。与早期 AI 需要用户学习复杂指令不同，它通过自然语言交互大幅降低使用门槛，用户只需像聊天一样表达需求即可获得精准回应。这种“无感化”设计将成为其技术迭代的主线。

1. 更智能的场景适配能力

当前的 DeepSeek 已能处理投资建议、节日祝福、职业规划等多样化需求，但其未来可能进一步“预判”用户意图。例如，当用户提到“想换工作”时，DeepSeek 不仅能推荐热门职业，还能结合用户过往聊天记录中的兴趣、技能短板，提供个性化的学习路径建议，甚至模拟面试场景。

2. 多模态交互的深化

目前 DeepSeek 以文本交互为主，但结合技术的发展与趋势，未来可能整合语音、图像甚至虚拟现实交互。比如用户拍摄一张户型图，DeepSeek 即可生成装修方案并估算成本；或通过语音实时分析对话情绪，为心理咨询提供辅助。

3. 成本控制驱动普惠化

DeepSeek 的 R1 模型是通过工程优化大幅降低模型运行成本。这种“技术降本”将推动 AI 服务从企业级向个人用户下沉。例如，未来 DeepSeek 可能会推出更多免费或低成本的订阅服务，让普通家庭也能享受到定制化教育、健康管理等服务。

10.1.2 用户生态：从工具到伙伴

DeepSeek 的爆发式增长（日活超 2200 万）证明了市场对“平民化 AI”的强烈需求。其用户生态可能呈现以下演变。

1. 垂直领域的深度渗透

未来 DeepSeek 在不同领域的深度结合与技术应用将会值得关注。例如在教育领域，可能会结合 DeepSeek 推出“自适应学习系统”，根据学生答题记录动态调整习题难度；在健康领域，结合可穿戴设备数据提供饮食运动建议。这种渗透不是替代专业服务，而是作为“智能助手”填补传统服务的空白。

2. 社群化与人机共创

参考网民将 DeepSeek 用于生成春节祝福、应对亲戚催婚等趣味场景，未来可能形成用户自发的内容创作社区。例如开放“ AI 技能商店”，让用户分享定制化的对话模板（如“考研复试模拟导师”“旅行规划专家”），甚至通过区块链技术实现知识产权的确权与交易。

3. 银发族与下沉市场的突破

当前 AI 用户以年轻人为主，但 DeepSeek 的简易交互特别适合银发群体。

例如开发方言识别功能，让 AI 帮助不会普通话的老年人通过语音了解慢性病用药情况；或与社区服务中心合作，在三、四线城市推广“AI 办事助手”，满足政务咨询、法律科普等需求。

10.1.3 全球化布局：从博弈到平衡

DeepSeek 的国际影响力已引发多方关注，既登上多国下载榜首，又面临网络攻击、政策限制等挑战。这种矛盾将长期伴随其全球化进程。

1. 地缘政治下的技术博弈

美国对 DeepSeek 的警惕（如特朗普称 DeepSeek“敲响产业警钟”）可能促使更多国家建立 AI 技术壁垒。对此，DeepSeek 或采取“技术开源 + 本地化合规”策略：一方面通过开放部分模型代码争取开发者支持，另一方面与当地企业成立合资公司，满足数据本地化存储等监管要求。

2. 文化适配的精细化运营

在东南亚市场，可能会推出与当地传统节日相关的祝福功能；在欧洲则需应对严格的隐私保护法规，例如推出“无痕对话模式”，对话记录 24 小时后自动删除。这种“全球架构，本地细节”的策略将决定其海外扩张的成败。

3. 硬件合作拓宽应用场景

深度整合是拓展应用场景的关键。未来，DeepSeek 有望预装在智能手机、智能汽车等设备中。例如，在车载系统里，DeepSeek 可以提供“语音订票、路线规划和景点解说”的一站式服务，整合功能，打破传统 App 之间的“隔阂”，提升用户体验。

10.1.4 伦理挑战：从创新到责任

随着人工智能的广泛应用，DeepSeek 正站在一个关键的十字路口。一方面，它通过技术创新为人们的生活带来前所未有的便利；另一方面，它也面临着诸多伦理挑战，如内容安全、数据隐私和技术滥用等问题。如何在推动技术进步的同时，确保它能符合伦理道德和社会责任要求，将成为DeepSeek未来发展的重要课题。这不仅是技术的挑战，更是对人类智慧和价值观的考验。

1. 内容安全与价值观引导

当用户询问敏感话题（如投资建议、医疗诊断）时，AI的回答需在“有用性”与“风险规避”间权衡。可能需要引入“分级响应机制”：普通咨询即时回复，高风险话题则提示“建议咨询专业人士”并记录操作日志。

2. 数据隐私与算法透明

用户对话数据可能涉及隐私，需明确数据使用边界。参考欧盟的《通用数据保护条例》所倡导的原则，即企业在处理个人数据时必须明确告知用户，并获得用户的同意。DeepSeek未来或推出“数据护照”功能，允许用户自主选择哪些信息可用于模型训练，哪些必须加密存储。

3. 防止技术滥用与社会分化

目前，DeepSeek作为免费的AI服务，为所有人提供了平等的使用机会。然而，不同群体对AI服务的使用差异，以及AI技术对不同技能水平劳动力的影响也值得关注。研究表明，AI的发展可能会导致数字鸿沟的加剧。未来，DeepSeek或许会开发更多的培训项目或提供更易于理解的使用说明来降低这种可能性。

10.1.5 未来想象：从取代到助力

DeepSeek的终极意义不在于技术参数的领先，而在于重新定义人机协作的可能性。它不仅通过智能化服务提升效率，更致力于激发人类创造力，从重复性工作中解放人类。同时，DeepSeek积极探索情感陪伴的边界，推动社会协作模式变革，让AI成为人类的伙伴，而非简单的工具。这种以人为本的创新，将真正实现技术与人性的深度融合，给未来生活带来更多可能。

1. 从“替代劳动力”到“增强创造力”

当前AI多用于重复性工作（如客服、文案），但DeepSeek的演进方向可能转向“创意激发”。例如作家输入故事梗概后，AI 不仅能续写情节，还能分析读者情感曲线，建议高潮段落的最佳呈现方式，让人的创意有更多落地的可能性。

2. 情感陪伴的伦理边界探索

已有用户将 DeepSeek 用于情感倾诉，未来可能出现更拟人化的交互设计。但这需谨慎处理：过度拟真可能导致用户沉迷虚拟关系。或许需要设置“防沉迷提示”，或在检测到用户持续情绪低落时主动建议心理咨询相关的资源。

3. 推动社会协作模式变革

当 AI 能无缝协调多方需求时，可能催生新的协作形态。例如在会议场景中，AI 实时总结各方观点、生成待办清单并分配任务；在社区治理中，整合居民意见并自动生成改造方案，提高公共决策效率。

10.2 DeepSeek 拓展行业应用

随着 DeepSeek 等 AI 技术的广泛应用，各行业正在经历前所未有的变革。从教育领域的个性化学习路径到医疗保健的 AI 辅助诊断，从金融行业的智能风控到制造业的柔性生产，AI 正在重塑行业格局。同时，职场格局也在悄然改变，传统职业面临转型，而新兴岗位也在不断涌现。

10.2.1 医疗保健：AI 辅助诊断与远程医疗

在医疗保健领域，DeepSeek 的应用正展现出巨大的潜力，有望为医疗行业带来革命性的创新。未来，医疗诊断和治疗可能会变得更加高效、精准且个性化。借助 AI 技术，医生能够快速分析患者的症状和检查报告，生成初步诊断建议，同时通过深度学习算法分析影像数据，更精准地发现病灶。此外，远程医疗的智能化发展将使患者在家中就能获得个性化的健康管理方案，而个性化医疗的普及也将为患者提供量身定制的治疗策略。

1. 加速诊断与精准治疗

未来，DeepSeek 可能会显著加速诊断与精准治疗的进程。AI 有望通过分析患者的症状描述和检查报告，快速生成初步诊断建议，帮助医生缩短决策时间。例如，云南白药等企业已利用类似技术优化药物研发流程，将传统需数年的靶点发现缩短至几周。DeepSeek 也可能会通过深度学习算法，对大量的医疗影像数据进行分析，辅助医生进行更精准的诊断。

此外，DeepSeek 还可能通过大数据分析，为医疗机构提供更精准的风险评估和治疗方案，从而进一步提升医疗效率和质量。

2. 远程医疗的智能化

在远程医疗中，DeepSeek 有望整合可穿戴设备数据（如心率、血糖），为慢性病患者提供日常健康管理方案。例如，糖尿病患者上传饮食记录后，DeepSeek 可能会即时评估血糖波动风险，并根据患者的具体情况调整食谱建议。

这种智能化的健康管理方案，不仅有望提升患者的依从性，还可能减少因病情恶化导致的住院率。此外，DeepSeek 还可能通过分析患者的病历和症状，为远程医疗提供更精准的诊断支持。

3. 个性化医疗普及

随着 AI 技术在医疗领域的广泛应用，个性化医疗正逐渐从概念走向现实。AI 辅助诊断和远程医疗的发展，不仅有望缓解医疗资源紧张的问题，还能让医生从烦琐的初步诊断工作中解脱出来，专注于疑难病例的治疗。DeepSeek 等 AI 系统通过精准分析患者的病历、基因信息和实时健康数据，能够为每个患者提供量身定制的治疗方案，从而降低误诊率，提升医疗质量。

个性化医疗的核心在于“因人而异”的治疗策略。例如，DeepSeek 可以结合患者的基因特征和临床表现，为肿瘤患者推荐最适合的药物组合，减少化疗副作用。此外，通过整合电子病历、影像数据和实验室检查结果，AI 系统能够为医生提供实时的诊断支持和治疗建议，进一步优化诊疗流程。

10.2.2　金融行业：智能风控与生态革新

在金融行业，DeepSeek 的应用正在展现出巨大的潜力，有望为风险控制、理财服务以及金融基础设施带来革命性的变革。

1. 风险控制与用户体验优化

未来，DeepSeek 在金融领域的应用可能会聚焦于风险控制与用户体验优化。银行或许可以通过 AI 实时分析客户交易数据，识别异常行为（如深夜大额转账），及时拦截欺诈交易。例如，江苏银行已利用类似技术实现合同自动质检和合规审查，错误率降低了 80%。DeepSeek 也可能会通过大数据分析，为金融机构提供更精准的风险评估和信用评级。

这种技术的应用不仅有望提升金融安全性，还可能降低人工成本。此外，DeepSeek 还可能通过智能算法，优化金融产品的设计和推荐，进一步提升用户体验。

2. 智能顾问与财富管理

未来，DeepSeek 有望在智能理财顾问领域带来重大变革。例如，当用户输入“存款 10 万如何理财”时，DeepSeek 能够结合市场趋势和用户风险偏好，生成个性化的投资组合方案，并根据市场动态实时调整策略，确保理财方案的科学性和安全性。

同时，DeepSeek 与全球金融市场数据的结合，可能会进一步拓展它在财富管理中的应用场景。通过接入实时金融数据，DeepSeek 能够为用户提供精准的行情分析和投资策略报告，辅助投资决策。此外，借助 NLP 技术，DeepSeek 还可以实时解答客户关于投资理财的基础性问题，并逐步提供更复杂、专业化的投资建议。这种智能化的理财服务，将显著降低理财门槛，推动金融服务的普惠化和智能化发展。

3. 智能合约与生态互联

未来，DeepSeek 有望推动金融底层架构的革新。通过将 AI 与区块链技术融合，开发动态智能合约系统，例如在供应链金融中，AI 能够实时分析企业的物流、税务数据，自动触发应收账款确权与资金清算，解决传统模式下信息不对称导致的融资难题。

同时，DeepSeek与金融服务的深度结合，有望向更高层次的智能化发展。个人资产配置未来可能突破传统界限，AI可根据实时经济指标自动调配（获得授权后）数字钱包中的存款、黄金、国债等资产比例，实现“全维度财富管理”。这种底层架构的智能化，有望催生无须人工干预的“自进化金融生态”，为金融服务的高效化、普惠化提供新的可能性。

10.2.3 制造与建筑业：智能化转型

在制造业与建筑领域，DeepSeek正在推动一场智能化变革。通过与工业物联网结合，DeepSeek助力制造业实现柔性生产，实时监控设备状态、优化生产流程、降低生产成本、提升产品质量。同时，使用DeepSeek赋能制造业按需生产，可以精准预测市场需求，减少库存积压，增强企业竞争力。

1. 柔性生产与智能监控

DeepSeek与制造业的融合有望推动行业向“柔性生产”转型。通过连接工厂设备传感器，AI能够实时监控生产线状态，预测设备故障并提前维护，从而减少停机时间。同时，DeepSeek借助数据分析优化生产流程，可进一步降低生产成本。

这种智能化的生产管理不仅能提升产品质量，还能通过工业物联网技术实现设备间的互联互通，进一步提高生产效率。随着技术的成熟，DeepSeek有望为制造业带来更高效、更灵活的生产模式。

2. 建筑行业的智能化

在建筑行业，DeepSeek的应用正在推动行业向智能化转型。例如，中建三局的“天工云平台”已全面接入DeepSeek-R1/V3全系列模型，进一步强化了平台的智能化服务能力。通过这一合作，天工云平台能够实现成本清单智能匹配，显著提升了成本测算效率。此外，平台还上线了“AI知识”智能问答系统，借助 DeepSeek 的深度思考能力，提高了答案的准确率和可靠性。

DeepSeek 与建筑行业的结合正在开启智能化变革。DeepSeek 能够分析大量优秀建筑设计案例，为建筑师提供创意灵感和方向，生成多种初步设计方案，这些方案不仅形式创新，还符合可持续发展要求。同时，DeepSeek 可快速评估和优化设计方案，指出潜在问题并提供改进建议，例如优化通风系统设计以提升室内空气质量。

3. 推动按需生产模式

通过 DeepSeek 赋能，制造业正逐步迈向“按需生产”模式。企业能够依据市场需求灵活调整生产计划，减少库存积压与浪费。例如，DeepSeek 结合供应链管理系统，可精准预测市场需求，优化库存周转率，助力企业降本增效。同时，智能化生产管理提升了产品质量一致性，增强了企业市场竞争力。DeepSeek 在制造业的应用不仅是技术进步，更是生产模式的变革，推动制造业向更高效、灵活、智能的方向发展。

10.2.4　行业预测：职业的消失与新生

在 AI 技术的浪潮下，职场格局正在经历深刻变革。一方面，传统职业可能因 AI 的高效替代而面临转型或消失；另一方面，新兴岗位正应运而生，这些岗位需要从业者掌握 AI 工具的高效运用和跨领域知识的整合能力。

1. 夕阳职业预警

随着 DeepSeek 等 AI 技术的广泛应用，职场格局正在悄然改变。一些传统职业可能面临转型或消失。

1）基础翻译员：AI 实时翻译的准确率有望达到 95%，多语言会议系统可能会直接生成会议纪要，仅需少量高端译员处理专业领域内容。

2）传统记者：AI 可能会自动生成新闻快讯，记者可能会转型为“内容策展师”，负责筛选、编辑 AI 产出的内容，并策划深度报道。

3）基础会计：90% 的记账、报税工作可能会被自动化软件取代，会计人员可能会转向财务分析等高阶岗位。

2. 新兴岗位图谱

在 AI 技术的浪潮下，创意与技术领域的职业格局正在重塑。随着 AI 绘画工具（如 Midjourney、即梦 AI）和视频生成工具（如 Runway、可灵 AI）的普及，以及 AI 编程工具（如 Cursor、通义灵码）的广泛应用，企业对具备 AI 技能的专业人才需求激增。

1）AI 绘画与设计专员：随着 AI 绘画工具的普及，企业需要专业人员来高效利用这些工具生成高质量的设计作品。他们需要掌握 Prompt（提示词）工程，并拥有整合多模态设计系统的能力，以满足企业在品牌设计、广告创意等方面的需求。

2）AI 视频内容创作者：AI 视频生成工具正在改变影视创作的流程。新兴职业包括特效合成师、跨媒体叙事专家等，他们利用 AI 技术实现从分镜脚本到动态预览的全流程自动化，提升创作效率。

3）AI 编程辅助工程师：随着 AI 编程工具（如 Cursor、通义灵码）的发展，企业需要工程师来优化和管理 AI 生成的代码。他们需要掌握 AI 工具的使用方法，同时具备代码优化和调试能力。

10.3 DeepSeek 解锁未来生活

随着 AI 技术的飞速发展，DeepSeek 正开启一场未来生活的变革。

10.3.1 社交进化：跨越语言和文化的障碍

在未来的社交生活中，DeepSeek 与其他 AI 工具的结合，有望帮助我们跨越语言和文化的障碍，让全世界的人们能够更加轻松地交流。

1. 跨语言社交的体验

DeepSeek 结合实时翻译设备，将会支持多种语言的实时翻译功能，能够让你在与不同国家的人交流时，不再担心语言障碍。无论是在社交媒体上与外国朋友聊天，还是在国际会议上发表演讲，DeepSeek 都能实时为你翻译语言，确保沟通的顺畅。这种跨语言社交系统不仅能消除语言误解，还能促进不同文化之间的交流和理解。

2. 虚拟社交空间的互动

DeepSeek 有望赋能创建虚拟社交空间，让人们在虚拟世界中与朋友、家人或同事进行互动。在这个虚拟空间里，用户可能通过虚拟形象与他人进行面对面交流，甚至可以一起玩游戏、看电影或参加虚拟活动。这种虚拟社交的方式不仅能增加社交的趣味性，还能让人们在无法见面的情况下，依然保持了紧密的联系。

3. 文化理解的桥梁

借助其智能分析能力，DeepSeek 能够帮助用户更好地理解不同文化之间的差异和特点。例如，在与外国朋友交流时，DeepSeek 可能会提供关于对方文化背景的简单介绍，从而帮助用户减少文化误解。这种潜在的文化理解功能，可能会成为连接的桥梁，促进文化的交流与融合。

10.3.2　娱乐与互动：沉浸式体验

在未来，娱乐和互动将因 AI 技术的发展而变得更加沉浸化和个性化。DeepSeek 等 AI 工具有望为用户带来更加丰富和有趣的体验。

1. 个性化娱乐内容

DeepSeek 会根据用户的心情和偏好，生成个性化的音乐和视频内容。例如，当用户感到压力较大时，DeepSeek 可以生成舒缓的音乐，帮助用户放松心情；当用户想要观看电影时，DeepSeek 可以根据其喜好，推荐最适合的电影或电视剧。这种个性化的内容推荐不仅能提升用户的娱乐体验，还能满足多样化的娱乐需求。

2. 沉浸式娱乐体验

结合 VR（虚拟现实）和 AR（增强现实）技术，DeepSeek 有望为用户带来更加沉浸式的娱乐体验。例如，用户可以通过 VR 设备进入虚拟的游戏世界，与朋友一起冒险；也可以通过 AR 设备在现实世界中叠加虚拟元素，比如在家中看到虚拟的宠物或装饰。这种沉浸式体验不仅增加了娱乐的趣味性，还能让用户在虚拟与现实之间无缝切换。

10.3.3 智能家居：生活更便捷

不妨大胆想象，未来的几年内，随着 AI 与科技的飞速进化，人类的生活将发生怎样翻天覆地的变化？

1. 智能唤醒与减压咖啡

早晨 7:00，你还在睡梦中，家中的智能设备已悄然启动。睡眠监测床垫依据你的睡眠数据，自动调节房间温湿度，营造出舒适、放松的氛围。与此同时，脑机接口将数据上传到 DeepSeek。DeepSeek 的分析监测到你今日压力指数偏高，自动下单一杯特调咖啡，随后启动智能家居系统播放舒缓的音乐，为你缓解压力。星巴克无人机在你起床洗漱后的 5 分钟内，准时将特调减压咖啡送到窗边。你轻轻啜饮，让咖啡的香气与舒缓的旋律开启美好的一天。

2. 数字分身与虚拟感官

上午 10:00，你准备参加一场新品发布会。与以往不同的是，你无须出门，只需通过数字分身进入元宇宙。戴上触觉手套，你可以在虚拟发布会中感受面料的质感，仿佛亲手触摸一般。与此同时，DeepSeek 正在全球范围内为你比价，筛选出 30 个供应商中最优质、最实惠的面料。你只需在虚拟会议中做出选择，订单就会自动下达，一切都高效而便捷。

3. 智能厨房与健康午餐

上午 12:00，忙碌的上午过后，你准备享用午餐。DeepSeek 根据你的食材库存和饮食偏好，为你推荐了一份健康美味的午餐菜单，比如一份蔬菜沙拉搭配烤鸡胸肉。智能厨房设备自动为你准备好食材，并开始烹饪。你只需坐在餐桌前，等待美食上桌。与此同时，DeepSeek 还会根据你的营养需求，为你推荐搭配的饮品或小食，确保你的每一餐都营养均衡。

4. 智能检测与定制营养剂

下午 3:00，午后的时光稍显慵懒，但生物传感器提醒你体内维生素缺乏。智能家居系统自动为你下单定制营养剂，3D 打印药片技术在几分钟内将营养剂打印出来，并通过智能配送系统送到你的手中。按照提示服用后，你感到精力逐渐恢复。此时，DeepSeek 还会根据你的日程安排，提醒你接下来的活动或休息时间，帮助你合理规划下午的时光。

5. 云端瑜伽与智能投资

晚间 20:00，晚餐后，你打开智能设备，预约了一场线上瑜伽课程。DeepSeek 根据你的身体状态和运动习惯，为你定制了一套专属的瑜伽动作。你跟着屏幕上的指导，舒展身体，放松心情，为明天的忙碌做好准备。

与此同时，你所在的 DAO（去中心化自治组织）社区通过投票决定投资一款数字时尚单品，DeepSeek 帮助你在 NFT（非同质化代币）市场上完成了交易，并将投资收益实时兑换为实体店消费券，你可以随时在合作店铺中使用。

推荐阅读

AGENT
智能体
设计指南
成为提示词高手和AI Agent设计师

AI时代，不会用AI等于主动降薪
KIMI
高效办公
AI 10倍提升工作效率的
方法和技巧

豆包
高效办公
AI 10倍提升工作效率的
方法与技巧

DeepSeek
使用指南
全职业场景应用实践

高效使用
DeepSeek
实现智能、高效、创新的效率指南
零基础快速上手，DeepSeek保姆级教程

A COMPREHENSIVE GUIDE TO
LARGE LANGUAGE
MODELS
一本书读懂
大模型
技术创新、商业应用
与产业变革

一本书读懂
AI Agent
技术、应用与商业

PROMPT MAGIC
Prompt魔法
提示词工程
与ChatGPT行业应用

AIGC
智能营销
4A模型驱动的
AI营销方法与实践

推荐阅读

AIGC
重塑营销
基于AI的全链路营销实战

AIGC
重塑金融
AI大模型驱动的金融变革与实践
AIGC RESHAPING FINANCE

AIGC
智能营销
4A模型驱动的AI营销方法与实践
AI Marketing

AIGC Reshaping Supply Chain Finance
AIGC
重塑供应链金融
大模型在供应链金融领域的应用与实践

文心一言
BARD
ChatGPT时代的教育和学习指南
AIGC
重塑教育
AI大模型驱动的教育变革与实践
CLAUDE
ChatGPT

AI重塑
演讲力
ChatGPT 10倍提升演讲写作与表达
AI RESHAPES SPEAKING

法律人
AI指南
大模型10倍提升工作效率的方法与技巧

AI Assistant for Lawyers
The Essential Guide to ChatGPT in Legal Practice
AI律师助手
律师实务ChatGPT实战指南

一本书读懂
AI Agent
技术、应用与商业